寫給葡萄酒品飲者的

生物動力法35問

理解極致酒中風土，
學習葡萄酒生命力的自然法則

35 questions

sur la biodynamie à l'usag
des amateur
de vi

安東・勒皮提・德拉賓———著　劉永智、李靜雯———譯
Antoine Lepetit de La Bigne

積木文化

每當你發現自己與主流站在同一邊，

就到了停下腳步並開始反思的時候。

——馬克·吐溫

致 克麗絲婷（à Christine）

目錄

第二章 葡萄酒釀造

第四章 生物動力法的歷史與哲學背景

謹在此感謝在葡萄酒品飲與葡萄種植領域上，
一路引領我前進的諸位先進，他們是：Phillippe Bourguignon、Olivier Humbrecht、Anne-Claude Leflaive、Bruno Quenioux，以及篇幅所限
而不及備載的諸位好友。

法文版推薦序

我覺得定義一種新的「人與葡萄酒的關係」至關重要，因此本書中的這段話一直深印我腦海：「在這個後工業化與高度城市化的文明裡，或許，葡萄酒是我們與土地最後的重要連結？」（參見Q3）很顯然，今日的文明傾向於抹滅舊時存在於人與自然間的連結。城市無情擴張，田野漸次消失。至於農業生產則愈趨科技化，農產品則變成純然的工業化產物，人類與土地的關聯愈來愈顯模糊。葡萄酒當然也可以如此工業化炮製，許多酒都屬此類。目前許多愛酒人也對此深感憂心，對於他們而言，葡萄酒的品質必須與其土地根源深切連結。這瓶剛買的酒能夠忠實呈現它的來處嗎？產製這瓶酒的酒農，是否能像一位助產士，讓葡萄酒與葡萄藤產生活生生的連結，藉以創造潛力臻至巔峰的酒質與個性？

為了能將酒中風味的來處詮釋得更好，酒農們無可避免地必須思考是否採用有機農法或生物動力法，因為這兩項農法可讓風土（terroir，即土壤與周遭環境）展現出最佳的潛力。

在試圖理解生物動力法時，必會觸及到無可計量的「生命之力」（force de vie），由於無法以科學測量、秤重與分析，因此要讓大眾理解此農法將是一項巨大挑戰。直到不久之前，科學家仍對生物動力法嗤之以鼻，而有關動力攪拌、生物動力法配方與星宿天體影響的相關謠言也持續四處蔓延，因而本書的出版至關重要。

本書首先以簡潔的方式與謙虛的態度，回答了此農法可能挑起的疑問，接著解釋為何有愈來愈多的酒農，發覺此農法可重新搭起他們與土地的連結，進而展現幾個世紀以來人們以手耕作出的風土潛能。藉由生物動力法的施行，如同二〇〇八年，方瑞．尚（Frère Jean）在他的《信仰的花園》（*Le Jardin de la foi*）一書寫道：「對於親手耕作者而言，大自然會變成一本知識之書」（一如工業化社會來臨前的模樣）。

還有誰比安東・勒皮提・德拉賓更適合撰寫此書？幾年前當他來到布根地時，還是個年輕小伙子。我多年的經驗告訴我，外來的新觀點常能豐富一個企業或行業的原有內涵。安東畢業自優秀的「巴黎綜合理工學院」，成績優異，並獲得農業工程與釀酒師文憑。他生性好奇且觀念開放，隨後選擇在一家以施行生物動力法（雖然在科學上，此農法常遭蔑視）為傲的先進酒莊投入葡萄園管理。

他完整地吸收了科學所教授的知識，並如同許多科學家，戮力以嚴謹的方式研究葡萄樹與葡萄酒，然而即便在多年的科學經驗積累後，他同時明瞭，在意圖釀造出偉大葡萄酒的路途上，未知遠遠超出我們所能夠理解和分析的。直覺、觀察、虛懷若谷，尤其是嚴謹不懈，才是一名優秀酒農應具備的最根本條件。安東耐心與仔細的說明，讓我們明瞭生物動力法所教導的重要課題，相信葡萄酒愛好者、酒農、侍酒師，以及其他酒界從業人員，都能因本書一窺生物動力法的堂奧。從前，生物動力法一向被漠視，現在終於有本書替它發聲，安東可說是此農法的大使。

Aubert de Villaine 寫於 Domaine de la Romanée-Conti，

二〇一三年五月

〈中文版推薦序〉

讓葡萄酒與生命連結的農法

林裕森 Yusen Lin

這是一本為葡萄酒愛好者所寫的農法書，談的，是看似冷門小眾的生物動力法。會特別成一書是因為這一至今仍帶有神祕氛圍的奇特農法，已經為全世界最頂尖的眾多葡萄酒莊所採用，不僅只在有數千年釀酒傳統的歐洲，在南、北美洲，在紐澳也都一樣盛行，生物動力法完全翻轉了西方現代科技農法不斷地在葡萄酒世界擴張的潮流，雖然我們還無法完全用現今所知的科學來理解，但透過更多的實際應用與經驗累積，卻逐漸證明了其有效性。

在越來越講究風土至上的葡萄酒價值觀中，生物動力農法的應用加深了葡萄酒與土地之間的連結，同時，也讓我們看見現代農業科技的盲點與危機，甚至也為因氣候變遷災難更頻繁的葡萄酒業，提供了永續經營的可能與解答。

即使現下採用生物動力農法的酒莊快速增長，卻仍然還是少數，然而，許多葡萄酒產區的最菁英酒莊卻都遵行此農法耕作他們極為珍貴的葡萄園。在我拜訪過的分布在全球各地的上千家精選酒莊中，採行生物動力農法者已經超過半數。而今日全球最昂貴的十款葡萄酒中，大多也是以生物動力法耕作。葡萄酒可以是附加價值最高的農產加工品，一瓶容量七百五十毫升、剛出廠市價就超過一萬美金的葡萄酒，為何願意選擇放棄慣行農法，採用從當代科學角度還常被視為不理性又充滿風險的極端耕作法呢？

答案其實很簡單，當真正理解到化學農藥對葡萄園生態的傷害有多麼的深遠，以及有機種植可能面對的束手無策時，生物動力農法為想保護作物但拒絕傷害土地的葡萄農提供了一條看似幽微曲折，卻可能通向光明的悠悠小徑。

生物動力農法源自創立人智學（Anthroposophie）的奧地利哲學家魯道夫・史坦勒（Rudolf Steiner）在一九二四年關於農耕的八場專題講座。其晦澀艱深的內容，常讓對此農法感興趣的人因而卻步，也設下了難以跨越的障礙。一反所有探討生物動力法的著作，本書的作者，安東・勒皮提・德拉賓非常聰明的將史坦勒安排在書的最後一個章節才出場，而且以三十五個最根本切要的提問，編織成一本最適合葡萄酒愛好者閱讀的生物動力農法專書。這樣的安排反而讓史坦勒的理論更容易被理解，同時，也更接近現在生物動力法的發展現狀，歷經後人的努力探究與實地驗證，其實已經融入更多元多樣的發展。

生物動力法改變了人、作物與自然之間的關係，以更自然相合的方式讓農業得以生生不息的永續經營。在特別崇尚風土之味的葡萄酒業，生物動力農法無意外地得到最多的關注，數十年來的實際應用，已經建立了遠超出其他農產業的驚人成果，累積的經驗若能做為其他風土產物的借鏡，如咖啡、茶葉、可可、橄欖油等，將會是葡萄酒業獻給全世界最珍貴的禮物。

現在，全球的葡萄酒迷對於生物動力農法已經很難再置身事外了，除了在菁英葡萄酒莊間廣泛利用，更關鍵的是，透過領會此農法的精髓，隨之而來的可能是更容易體會酒中潛藏的的生命力與能量等，很難言表但可能比酒的香氣與結構更加根本的特質，而葡萄酒與生命的連結也許將會由此展開。

【推薦人簡介】林裕森，以葡萄酒為專業的自由作家。巴黎第十大學葡萄酒經濟與管理碩士、法國葡萄酒大學侍酒師文憑、東海大學哲學系。原本念的是哲學，卻一頭栽進葡萄酒的世界裡，林裕森自況為「逐美酒佳餚而居」的「游牧型」文字工作者，在地球上遷徙流蕩，四處探尋那些在人與土地的交會之下，經過時間的沉積才淬鍊而成的難得美味。主要作品包括：《弱滋味》、《布根地葡萄酒》《西班牙葡萄酒》、《葡萄酒全書》、《開瓶》、《城堡裡的珍釀》、《美饌巴黎》。個人部落格：www.yusen.tw。

譯者序

劉永智 Jason LIU

生物動力法（舊譯為自然動力法）將近百年前由魯道夫・史坦勒所提出，與其說它是一套農業操作手法，它更是一種哲學以及看待宇宙的觀點。不幸地，在西方唯物科學的框限下，我們漸失靈性直觀的能力，以至於生物動力法在二十年前被視為異端邪說（目前情況略有好轉）。本書作者安東・勒皮提・德拉賓擁有農業工程與釀酒師文憑，由這樣一個自傳統科學訓練「改宗」為生物動力法的信徒，來闡述與釐清此農法的核心概念最適合不過，也更具說服力。

前言

親愛的愛酒人：

或許您已經遇過酒農或葡萄酒專賣店店員，向您吹捧某款有機葡萄酒或生物動力法葡萄酒的好處，說是「很天然」、「很具礦物質風味」、「釀自地球和宇宙的能量」或是「施行月下採收」等等。

或許您被以上說法說服，也買了這款酒，並在品飲時有特殊感受，甚至飲後的當晚睡得更安穩，隔天醒來也不會頭痛欲裂。

也許，相反地，你覺得這套說詞雖頗有詩意，但聽了令人頭昏腦脹、毫不嚴謹，甚至愚昧，根本忘了前兩個世紀以來人類在科學知識上的進步？或許你當下認為，這只是新的行銷策略，好讓人們覺得所買的酒更具「風土特性」？

在二〇〇八至二〇一一年之間，當我在任職的樂弗雷酒莊（Domaine Leflaive）為訪客侍酒，以及在普里尼—蒙哈榭葡萄酒暨風土學院（École du vin et des terroirs de Puligny-Montrachet）授課時，我發現許多人對於生物動力法（biodynamie，亦稱自然動力法）的認知非常混淆。雖然生物動力法一詞在葡萄酒界裡愈來愈常聽到，但極少有愛酒人有清楚的概念，有時甚至認知完全錯誤。另一些人則毫無概念，生物動力法一詞，暴露出我們西方文明（尤其是法國）對此領域所知闕如，還同時伴隨不少刻板印象。

我寫書的目的即是回應此觀念混淆的現象。我希望以本著作引領讀者，開始對於生物動力法有基本的認識，試著讓書寫的內容與形式能夠易讀易懂，並羅列了一般人對於此農法可能提出的問題。

我並無野心在本書深度探究魯道夫・史坦勒（Rudolf Steiner）的哲思，尤其不想寫出一本給酒農使用的生物動力農法操作手冊，其實已有不少這類佳作面世（可參考書末附錄的參考書目），其中包括法蘭克斯・布雪

（François Bouchet）、尼可拉・裘立（Nicolas Joly）以及皮耶・馬頌（Pierre Masson）等幾位專家的大作。

我想藉由我所接受的科學訓練，以及在生物動力法的實際操作經驗，以清晰無諱的語言呈現；本書的內容是我對於此領域現階段的個人觀點。

在此感謝來自全世界的眾多愛酒人向我提出相關問題，並表達希望有本簡明書籍得以參考的願望，於焉有此書的誕生；在力求簡潔明瞭的同時，或許有某些地方顯得簡略，但這卻是替生物動力法「去迷思化」的首要步驟。師父領進門，修行在個人，之後可以依個人需要進一步深化相關知識。

本書的法文原文第一版於二〇一二年初出版，不久後，我驚訝地發現，本書讀者竟然多是酒界的專業人士，包括酒農、釀酒顧問、酒商等等。這證明了，即便對於某些專家來說，相關訊息的需求仍然存在。今日，實行生物動力法的酒莊愈來愈多，對此主題有興趣的愛酒人也與日俱增。希望本書（第二版）能夠提供更多的愛酒人足夠紮實的知識基石，以待讀者日後對此農法能夠鑽研出合理且深刻的個人觀點。

Q1 生物動力葡萄酒勝於其他葡萄酒？

對於追求完美的愛酒人來說，這是必問的重點。我必須告訴心急的讀者，我選擇避免在本書開頭便以斬釘截鐵的方式回答，而以非常「笛卡兒式」（參見Q10）的方法說明：「笛卡兒的嶄新觀念是個人應訴諸自我理性，以自由心態檢視。每個人都可以且必須藉由自我智慧判斷真實，而非藉由大師的話語，不管此人有多權威。」[1]當閱讀本書，漫遊在生物動力法的

1 法國哲學家維克多·波爾夏特（□□□□□□□□□□□□□□）對於法國哲學家、物理學家笛卡兒所著《哲學原理》（*Les Principes de la philosophie*）所做的評論。

學習之旅時，每個人都可形塑自己的答案，但您也可能發現，回答會隨著閱讀的推進自行浮出。

當然，由於生物動力法更符合自然法則（參見Q11），我傾向認為身為釀酒原料的葡萄，具有更大的潛力。然後，酒農的技藝還同時包括酒窖裡的釀造工作，而真正的潛能則是在酒窖裡被喚醒（參見Q16）。更何況，「這支酒勝過那支酒」的觀念也有待商榷，現在的葡萄酒評分與列級多如牛毛，且勢必過於簡化，許多葡萄酒愛好者在沒法親嘗（或思考）之前，卻認為可以完全相信這些評分？這些所謂的專家（真正專業或半瓶水）在武斷評論之前，可曾想過會替酒農帶來何種商業以及財務的後果？當然，美國酒評家羅伯・帕克（Robert Parker）是促發此現象的第一人（至少是最出名者）；然而，今日的愛酒人務必跨出發掘自我主觀品味的步伐，並且相信自己的味蕾。在此議題上，隨著愈來愈多的女性進入葡萄酒的世界（包括消費者與釀酒師），這將是一股促成此必要改變的主要動力（參見Q20）。事實上，相對而言，女性通常對於主觀與觀念上的相對性，採取較為開放的態度。另一個改變此現象的重要推動力則是網際網路：葡萄酒部落格與日俱增，讓更多人可以在相關論壇分享個人品味與品酒經驗。

目前，我有兩個觀察。首先，一般來說，位於布根地（Bourgogne）、阿爾薩斯（Alsace）、羅亞爾河谷地（Val de Loire）與其他產區的偉大且嚴謹的酒農（酒莊），愈來愈多開始採用生物動力法。

第二點觀察則比較是個人經驗。我發現我買來存放在酒窖的酒，幾乎都是向親身認識的酒農購買，且經常都是生物動力法的葡萄釀製。以前的我，因具有強烈好奇心，常會依照酒評買酒，然而現在的我，卻發覺我的某些藏酒（有些還是獲得帕克極高評價者），已經離我的品味太遠，喝不下去了！應該說，奇怪的是，我老找不到喝這些高分酒的機會。也許在葡萄酒的領域裡，品質存在多重面向，還關係到釀酒者以及此酒背後的文化意涵？

第一章

葡萄樹種植

Q2 生物動力法為何成為風潮？

生物動力法是由魯道夫・史坦勒於一九二四年在一場專題研討會上所提出（參見Q31）。在釀酒葡萄的種植領域，生物動力法的發展其實是相當晚近的事。以經常在媒體曝光的裘立為例，他在一九八〇年才開始於羅亞爾河畔的Coulée de Serrant葡萄園採行生物動力法。在阿爾薩斯，則先是有尤金・梅爾（Eugène Meyer），後有皮耶・福里克（Pierre Frick）採行。在布根地金丘（Côte d'Or），此法施行者包括在伯恩的尚克勞德・雷圖（Jean-Claude Rateau），他是由目前在薄酒萊區的精神導師何內・伯斯吉倫特（René Bosse-Platière）所啟發，後者自一九七九年就開始採行生物動力法。接著，還有 Saint Romain 產區（村）的帝埃里・居由（Thierry Guyot）加入。帝迪耶・蒙榭凡（Didier Montchovet）、伊曼紐・基布羅（Emmanuel Giboulot）與多明尼克・德罕（Dominique Derain）隨後很快跟進。幾年後的一九八九至一九九〇年間，多位在布根地具有遠見的重要人物也開始對此農法產生興趣，包括：拉露・碧茲樂華（Lalou Bize-Leroy）、多明尼克・拉馮（Dominique Lafon）、安妮克勞德・樂弗雷（Anne-Claude Leflaive）與菲莉普・杜亨（Philippe Drouhin）。這幾家頂尖酒莊很快朝此農法邁進，如 Domaine Leflaive 在一九九〇年底便開始實驗。當時，生物動力法並不流行；事實上，這些先驅者必須展現極大的毅力，才能在鄰近酒莊不以為然的眼光及敵意下，堅持此農法的施行。

這些先行者在當時被視為怪人，這並非什麼誇張的說法。其實不算太久之前，施行有機農法者還常被視為「留大鬍子的環保怪咖」、「後六八年學運的離經叛道者」、「民俗農法者」或是「左派人士」。以上都讓三十年前那一代的保守酒農感到不安，因他們的職業經歷和現代化學農藥的興起並行。這些化學製劑讓他們感到心安，但他們卻未能了解這些製劑的極限。

今日，社會氛圍已經全然改變。環保的需求在社會各活動領域裡隨處可見，如食安、工業以及政治領域都是如此。在新一代的年輕酒農當中，環保受到廣泛重視，上一代的偏見也不復存在；他們企圖尋找一種「環保性專業」的解決方案，連結對自然的尊重與嚴謹釀酒專業。他們見證先驅者在此農法上的成功，也希望藉由實踐，形塑出自己的觀點。也因此有不少新一代酒農，正以實證態度測試有機與生物動力法，一段時日過後，他們便可親自決定哪種農法最適合。在部分較先進的產區，有機種植的葡萄園面積正以兩位數的統計數字成長，更證實了此種趨勢。[2]

我認為，這種普遍性的趨向已有堅實基礎；我也不認為在未來可見的幾年內，會發生走回頭路的現象。然而我們也必須承認，在此風潮裡，仍有趕流行的成分。少部分酒農雖自稱採用生物動力法種植，卻偶爾使用「一點點」除草劑或是具滲透力的化學殺菌劑……。遇此情形，消費者唯一能依賴的只有認證一途（參見Q14）。這樣的偏差行為的確令人遺憾，但也許可視為「邁向光榮的代價」，至少以某種層次來說，不也正代表生物動力法已經獲得相當程度的認可？

2在布根地，依照有機規範種植的有機葡萄園耕地面積，已從二〇〇一年的不到五百公頃，爬升到二〇一一年的兩千三百三十七公頃（即十年之間，增加了百分之三百六十七）。資料來源：Observatoire régional de l'agriculture biologique en Bourgogne (2011)。

Q3 生物動力法為何特別在葡萄種植領域廣為流傳？

或許有點老生常談，但事實是：葡萄酒是所有農產品當中，最能激起興趣，甚至熱情的品項，不管是飲用方式、香氣表現、口感、帶來的樂趣，以及它為身體與精神帶來的影響，都可以是討論主題。葡萄酒所能激起的熱情，甚至可讓某些愛酒人千里迢迢跑到產區，以手觸摸某些知名葡萄園的土壤，以及拜訪親種、親釀的酒農。在現今的農業環境下，以上可說是非常驚人而可喜的現象！因為相反地，西方國家自十九世紀興起的工業化生產模式，已逐漸擴展至所有的農業，這也伴隨了令人遺憾的後果：不管耕地在何處，一切都以標準化進行以降低成本，否定了土壤的多樣性；高度的機械化耕作則疏離了人與作物的關係。

為了降低成本而出現的標準化生產流程概念，其實源自汽車工業（所謂的福特主義），在非理性地將此運用於農業生產時，便導致了荒謬的下場。農業應是根源於土地的工作，它教導我們多樣性的重要：在自然多元的前提下，耕者必須適應該塊耕地的特性，發揮其風土潛力。在現今的後工業化時代與高度城市化的文明裡，葡萄酒或許是我們與土地最後的重要連結。

「在植物王國的領域，只有葡萄樹帶來的土壤風味能讓我們心智明晰。如此忠實地轉譯葡萄樹感知並藉由葡萄以表達土壤之祕。燧石具生命力、可熔且能滋養土壤。貧瘠的白堊岩，在酒中汨流出金黃淚水。」[3]

柯蕾特（Colette）

3出自法國作家柯蕾特《監獄與天堂》（*Prisons et Paradis*）一書的〈葡萄藤，葡萄酒〉段落；Le Livre de Poche（2004）。

在葡萄酒的世界裡，人人都可藉由品嘗、感受的經驗來判斷某款釀自某農法的酒，酒質是否更佳？是否更能表現風土特色？（參見Q13）酒農花費許多時間讓訪客試酒、解釋其種植與釀酒的工作，其實也就是教育客戶（不管是一般愛酒人或是專業人士），而訪莊的要求的確為數不少。以農產品而言，生產者與消費者之間能有如此緊密連結，實在極為罕見；想像大家是否會為了對馬鈴薯以及胡蘿蔔的熱情驅使而要求探訪！因此，若把生物動力法在葡萄種植的快速擴展當作優良典範或看作一種推進力，消費者便能看穿工業化農業自有其極限存在。之後，我們很快可以明瞭，既然此農法對葡萄樹可行，當然也可在其他農產品上施行。

釀酒葡萄的種植實有必要朝有機與生物動力法邁進，因為依照種植面積而言，它是法國農業裡使用最多病蟲害防治藥劑的作物。以香檳區來說，先不算除草劑，每公頃葡萄園平均施用的抗菌劑以及殺蟲劑達二十份。[4]事實上，如同其他果樹，葡萄樹是多年生作物，會較一年生植物受到更多病蟲害威脅。說白了，葡萄樹也是附加價值最高的作物，酒農也因此成為化學農藥工業非常覬覦的目標對象。

一般大眾已經開始關注到，在葡萄樹種植上大量使用殺蟲劑所帶來的風險。近幾年來，關於葡萄酒裡殺蟲劑殘留的研究報告也愈來愈多。最近，「基布羅事件」被法國及英國媒體炒得沸沸揚揚；布根地酒農基布羅因不願在葡萄園裡噴灑農藥對抗「葡萄黃葉病小蟬」（Cicadelle de la flavescence dorée），被當地以「輕罪法庭」傳喚到案；這種疾病對葡萄園非常危險，法國政府農業技術部門還將它列為應受檢疫管制的疾病。省級層次的法令因而規定，不管是否染上此病，省內所有葡萄園都須噴灑殺蟲劑進行防治。雖然基布羅不灑農藥的理由看似正當：尊重環保、維護人體健康，以及施行了三十年生物動力法才獲得的生態均衡，但此違法行為卻可能讓基布羅坐牢六個月，並面對高達三萬歐元的併科罰金。官方表示「此違法行為也破壞了重要

4 資料來源：Étude Agreste 2006, Enquête sur les pratiques culturales des viticulteurs（法國食品、農業暨漁獵部）。

的社會規範」[5]。此案引起社會大眾極大的關注，還激起支持基布羅的訴願連署，甚至不到一個月就蒐集到超過五十萬份的簽名連署。此一事件有可能改變大量使用化學殺蟲劑的法國「社會規範」嗎？

以上事件中，除了用藥支持方認為現在科技已較以往先進，以及反對方認為不應強制使用預防性農藥的爭辯之外，「基布羅事件」還揭露了葡萄種植的根本問題：近年由合成化學工業所發展出的新化學分子農藥大軍，顯然無法根除葡萄樹病蟲害，頂多僅能達到抑制作用。相反地，病蟲害的擴張趨勢似乎愈來愈嚴重。很不幸地，此類葡萄樹種植的困境，看來也逐漸蔓延到許多其他農產品身上了。

5此句源自「法國總理服務處，行政與法規資訊局」，刊登在www.vie-publique.fr。

Q4 有機農法和生物動力法有何差別？

先不談法規的細節，有機農法基本上就是停用某些藥品，如：除草劑、化學肥料、化學殺蟲劑，以及可以滲入植物組織的系統性農藥。這些基本上是石油化工產業的下游製品，除了速效之外，我們也已經知道這些藥品帶有的毒性、對於環境的副作用，以及對於人體健康之影響。

簡單來說，有機農法可以採取負面表列的方式定義：不使用最毒的藥品。此外，在有機農法與生物動力法的實行上，仍然允許使用較不具毒性的製品以對抗葡萄樹病蟲害，例如硫或銅（參見Q8）。

當我還在酒莊酒窖裡服務時，每次與來訪的愛酒人或是專業人士討論過後，常發覺他們對於生物動力法僅有非常模糊的印象，因此，我在這裡以簡單而關鍵的三點定義生物動力法。

首先，生物動力法同時也必須是有機，因此禁止使用以上所述的幾項化學藥品。要獲得生物動力法認證，前提是必須先取得有機農法認證。但生物動力法不僅止於此：此法要求酒農全然改變耕作心態，然而這條件其實並不容易達成。

這也形成了第二個關鍵重點：生物動力法酒農對於病蟲害的看法，與實行慣行農法的酒農非常不同；這差異一如西方醫學與某些東方傳統醫學之間方法學上的歧異。西方醫學對於疾病的研究首重確認致病源（某種細菌、病毒或黴菌等等），接著研究致病源的生物學，以尋出能夠阻止致病源進一步發展的藥物。當某人生病時，只要開出此藥方除疾即可，一直到病狀又再度出現（抗生素的運用原理即是如此）。相反地，生物動力法的運作原理一如傳統醫學，看待疾病的角度是將致病源視為整體環境的一部分，以霜黴病（mildiou）為例，它的出現是因先前植株健康失衡之故，而影響了採收的質與量。黴菌因此不被視為致病源，生病是深層失衡的結果。以此例而言，重點不在症狀引起者，而在失衡的源頭。若能接受此觀點，我們便能理解葡萄樹一如人類，四分之三的失衡都來自飲食。也因此，生物動力法首重土壤機能是否正常（「配方五〇〇號」可改善土壤結構、恢復土壤活性，「配方五〇二號」至「配方五〇八號」用以增強堆肥效能，養護土質）。如果土壤機能可以自然且完美地運作，尤其是珍貴（卻常被忽視）的土中微生物能夠產生效用，則葡萄株便可吸收到優質且均衡的營養素。回頭看看簡化卻很容易被葡萄樹吸收的礦物性肥料，對人體而言就像在喝可口可樂一樣——營養失衡！生物動力法酒農所使用的其他配方，常常是經過動力攪拌的植物療飲，經過酒農仔細觀察植株狀態後（如生長遲緩或濕氣過高），此類療飲可解決其他失衡問題。

第二點是了解有機農法與生物動力法之間差異的關鍵；雖在實際的操作上，或許差異不是特別大，但卻對於舊典範有著深沉的反思，生物動力法要求酒農全心致力的投入。

三種農法的比較一覽表

	農法類型		
	慣行農法	有機農法	生物動力法
對抗病蟲害	・接觸性農藥 ・化學合成農藥：具滲透性（滲入植株）與系統性（藥性隨汁液傳布全株）	・接觸性製劑（銅與硫為基底）	・接觸性製劑（銅與硫為基底）
提升植株免疫力	無	不強制	・生物動力法配方 ・植物療飲 ・依月亮規律施行農事
植株營養來源	礦物性肥料（硝酸鹽、磷酸鹽、鉀肥）	有機肥料	堆肥與多種生物動力法配方。
土壤維護	允許使用化學除草劑	不准使用化學除草劑	不准使用化學除草劑
周遭環境的均衡	無	無	「農業有機體」觀念
葡萄酒	准許使用法規允許的所有添加物	嚴格限制添加物（二氧化硫減量）	更加嚴格限制添加物以及某些釀酒技巧
認證	無，或遵守私人釀酒規範，或遵守「理性農法」規範	AB認證	DEMETER或BIODYVIN認證
管理制度	個人	歐盟及國家管制	協會性質

理解生物動力法的第三個關鍵點，在於觀察與對於大自然規律的尊重（這也包括月亮運行的規律），我將在後面章節詳述（參見Q9）。

Q5 何謂理性農法？

過去幾年，改變人類行為以更愛護環保與地球的觀念，開始在西方國家人民心中生根，至今演進為受大多數人支持。因此，為數不少的污染性工業開始強調，他們目前使用的是更加環保的手法。但對於消費者而言，判斷某工業是誠心逐步演化為更加環保的企業，還是只是單純的行銷手法，其實有其難度。例如，「永續發展」的說法幾乎被濫用。我引用在蒙佩利耶大學（Université de Montpellier）任教的兩位研究員的說法解釋此困境。一方面「永續發展的概念可在公民社會裡激發反思與辯論，甚或在某種程度上形塑對於環保問題的關注」，另一方面「永續發展一詞也讓公民感到安心，然而追根究底，我們看不到真正（或其實只有甚少）的改變，環保的均衡則持續被弱化，社會的不公也持續發生」[6]。在農業的領域裡，也有這種打混仗的情形，「理性農法」（Agriculture raisonnée）就是一則顯例。

理性農法雖經立法且具定義，必須遵從「理性農法參考文集」施行；此文集以條列規範方式呈現（然而條例間的關聯紊亂無邏輯），藉由遵守這一百零三條規範，希望達成友善環境的目標。然而仔細檢視後，將會發現大多數的規範早已實施多年，如「僅使用法國所允許的化學製品」、「遵守基本安全法規」（使用毒性極高的化學藥品時須具備保護措施，如殺蟲劑）、「具備使用殺蟲劑的基礎知識」（建議訂閱專業期刊，但此刊物內可能刊載不少的殺蟲劑廣告……）。

對於採取理性農法的眾多酒農，我相信他們的誠懇與決心，因為他們至

6 Florence Rodhain 與 Claude Llena 所合寫《永續發展的迷思》（Revue Préventique Sécurité, 2006, Jan-Fed）。

少走在對的方向；但問題是，跨出步伐的幅度一如螞蟻走路，實在太小，而目前慣行農法對地球造成的傷害，已到了亟需彌補且刻不容緩的階段。我擔心的是釀造者與消費者過於滿足理性農法所帶來的微小進步，致使此農法不僅不是推進改變的力量，反而成為改革的阻力。

我要在此大聲疾呼：理性農法較之慣行農法，基本上半斤八兩，只是在使用化學農藥與化肥時相對沒那麼不理性罷了，而且目前也已開始顯現其極限。

我們還可以更進一步懷疑那些回收再利用的永續發展概念機構（如對抗病蟲害製藥廠、跨國農業食品大廠、各國政府等），其主要目的只是維持現狀，好繼續從事那些毫不永續的作法。事實上，我發現有些團體仍將有機農業的發展，視為有損利益的競爭對手（這包括其經濟、財務、智慧財產權以及意識形態的利益），並試圖限制、污名化有機農業。一如「永續發展」的概念，「理性農業」在幾家握有媒體發聲管道的巨型跨國企業操弄下，也可能成為其推廣所謂環保產品的禁臠工具，在我看來，這個風險極為真實。

Q6 如何對抗葡萄樹病蟲害？

回答此問題之前，讓我們先回到之前提過，用以定義有機農法與生物動力法差別的關鍵點（參見Q4）。生物動力法看待疾病的觀點有所不同；它假設致病源（黴菌、害蟲、細菌等等）所呈現的不過是一種症狀，疾病之所以上身，是因為先前的不均衡狀態所致。因此要對抗病蟲害，就須以「預防及矯正失衡狀態」的邏輯來對待。依此邏輯，減少失衡便可減少致病機會，還可增強葡萄株的抵抗力；與維持人體健康的邏輯如出一轍。

然而，葡萄藤的失衡首因，其實就是化學農藥長期積累所致。想來諷刺至極！使用化學農藥原本用意是要保護葡萄藤，卻反而成為長期以來讓葡萄樹更易患病的原因。慣行農法的惡性循環於焉展開：化學藥品讓樹株多病齊發，之後為了治病又再加強噴藥的頻率與強度（中毒更深）。要脫離此惡性循環，首先必須離棄化學農藥，但這一步對許多酒農來說異常艱難，因為他們害怕不用藥可能帶來的風險與後果，但繼續用藥就會繼續受到牽制。因此，轉型階段極為關鍵，期間都須戰戰兢兢。事實上，均衡的回復需要時間，只能慢慢來。

現在再回到預防失衡的邏輯上頭。生物動力法使用的大多數配方都屬植物性。這些植物通常會先浸泡水裡萃取，之後經稀釋，或再置入更大容量的水中進行動力攪拌（參見Q12），接著以手工或借助農耕機以水霧狀噴灑在葡萄園裡。這些經過動力攪拌的植物療飲的作用原理可類比於「順勢療法」，即某定量的植物經過稀釋與動力攪拌。生物動力法配方作用的方式與較大量的化學農藥不同，比較屬於能量的層次，總之不是目前科學可以描述的範疇。

至於為何選擇這些生物動力法配方的論理方式，也非科學性，屬於類比或是象徵性的論證。科學邏輯分析的是因果關係，接著根據「什麼樣的因，造成什麼樣的果」，之後我們便可以解構並明白某個分子的運作機制。相對地，類比或象徵性的推論方式，則留給直覺及對整體現象的感受較大空間，並不關心運作機制的枝微末節（參見Q10）。

以生物動力法常用到的「木賊療飲」為例。木賊是生長在極為潮濕土壤裡的小植物，雖然水分供應豐富，但奇特的是，它很節制地長得並不粗大；其植株結構相當通風，莖與葉含有大量的矽，外表像乾燥且硬的針狀物。相反地，同樣是水生植物的睡蓮則葉片圓大，且不具可以對抗重力的結構。只需簡單觀察，便可理解木賊最重要的優點就是可自體調節過量的水分，維持植株乾燥且不致生長過茂。此即酒農在噴灑植物療飲時，想要傳遞給葡萄株的特性。這也是它為何在潮濕的春季常被使用的原因。木賊導引葡萄藤，並向其顯示如何避免因過多的水分導致生長過盛，甚至更容易受霜黴病感染。當然，只靠直覺的觀察是不夠的，還須經實際操作以確認是否可行。木賊便是成功案例，且被許多酒農使用。

在意圖改善植株與環境的均衡時，大多數實行生物動力法的酒農還是持續使用銅與硫；雖然這兩物質並非由化學合成，且毒性與造成失衡的後果較輕，但我認為這作法仍落入對抗病蟲害的老舊邏輯。銅，主要用來對抗霜黴病；硫則用以對付粉孢菌（oïdium），即用來噴在葡萄葉上的水霧狀硫液，而非酒窖釀酒時使用的二氧化硫（參見Q17）。雖然這些酒農已逐漸向減少使用硫與銅的目標前進，但他們的使用邏輯還是建立在「量」上，也就是隨患病程度的輕重調整用量。

不過，值得注意的是，有些酒農在某些年份的某些地塊上，可達到完全避免使用硫與銅耕作。這樣的觀察經驗，構成我目前與未來在葡萄樹種植上的首要研究目標。

Q7 隔鄰地塊使用農藥會造成何種影響？

這大概是我最常被問到的問題，此問題也的確需要重視，尤其是當我們看到布根地以及阿爾薩斯的葡萄園被切分得如此零碎時，難免有此疑問。以阿爾薩斯的 Zind-Humbrecht 酒莊為例，其占地約四十公頃的葡萄園分散為一百多塊，這與波爾多梅多克（Médoc）地區常見的一家酒莊獨擁一整塊十幾公頃葡萄園非常不同。當鄰居酒莊在臨園噴灑化學合成殺蟲劑以及除草劑時，卻一面要採行有機農法耕種，豈不幻想過度？尤其在布根地，兩行葡萄園之間的距離不過一公尺。

不過，在實際操作上，這並不構成問題。以架設在農耕機上的現代霧狀噴灑機具而言，農藥散逸的程度非常之小。除草劑會被留在處理目標處，但有可能在表面土壤流動或是滲入地下水層。霧狀噴在葉面的農藥，頂多影響到鄰居第一排的葡萄樹，極少擴及更遠處。當然，如果噴灑時手法錯誤，影響範圍就不只如此：像是在起大風時噴灑或者以直升機噴灑。幸好，如此作法已相當罕見。

此外，不管使用的是何種抗病蟲害產品，總有一小比例會蒸散在空中，或流入旁臨的河川裡。這種殘餘性的污染源有可能傳布甚廣：幾百公尺到十幾公里都有可能。我們今日所生存的環境當中，水與空氣其實都已受污染，尤其是人口密集處。因此，除非住在無菌室裡，要在完全不受污染的情況下栽種，幾乎可說是天方夜譚。

此外，以生物動力法耕種的葡萄樹，不太怕微量的殘餘污染，這是因為它未受到長期且大量的化學農藥污染而失衡。如我在前面章節所解釋（參見Q4），生物動力法並不僅僅滿足於停用化學藥品。生物動力法協同「生之動能」運作，目的在種植出具有良好均衡的植株，如此便可靠自身抵擋這些小病害。嚴格說來，反倒是鄰居的前幾行葡萄樹會因生物動力法的配方而受益。其實，在鄰居的農法形式很少造成影響之餘，我還想說明的是，即便只是差別一行葡萄樹的距離，通常已可分別出旁鄰兩者的農法施作之別：可藉由觀察葉片顏色、植株整體型態以及土壤外貌判斷。

然而，我還是要老實承認，我直覺認為鄰居所使用的農法模式，依舊會對另一邊以有機或生物動力法種植的葡萄樹健康有些影響。目前大多數的農耕模式還是以慣行農法為主，因而污染、失衡與患病的情況所在多有。因此，以大環境來說，整體失衡還是相當嚴重。當大環境生病，植株當然也難倖免；這或許也解釋了為何許多施行生物動力法的酒莊還是常常遇到植株染病的情形，以至於他們還是無法完全免除使用銅與硫。在較為先進的布根地夜丘區（Côte de Nuits）或伯恩丘區（Côte de Beaune），我相當有信心在十至二十年後，有機與生物動力農法將成為主流。屆時，殘餘性的污染將大為降低，到時或許信奉生物動力法的酒農便可完全不用銅與硫。

Q8 銅，帶毒性嗎？

一些喜歡詆毀有機農法的人，常會批評有機農法的酒農：雖然不用化學合成農藥，卻使用大量的銅對抗病蟲害，尤其是霜黴病。屬於重金屬的銅會因此累積在土壤裡，其毒性對於環境的污染甚至超過化學合成農藥。

我們必須嚴肅看待此批評，因為如果使用量高，銅確實有毒性。幾十年前，常可看到酒農每年使用大量的波爾多液（Bouillie bordelaise），隨之帶到土壤裡的含銅量超過每公頃十公斤。目前，依據有機農法規範，以五年的平均值來算，每年每公頃的施用銅量不得超過六公斤。部分生物動力法生產者協會更具野心：Demeter 協會規定，平均五年期間，每年每公頃的施用銅量不得超過三公斤。這些酒農對於銅的使用限量謹記在心，且持續追求將用量降至最低。但對我而言，只要合理使用，銅的害處絕對比化學合成殺蟲劑來得低。

首先，銅的使用屬於接觸性質，也就是它會留在葉子與葡萄的表面，以阻絕導致霜黴病的黴菌攻擊。相反地，化學殺菌劑通常屬於滲透性或系統性。滲透性殺菌劑，會滲入植株細胞，在生化層次上起作用。系統性農藥的影響則更深入，因它會滲入植株的汁液，藉此傳布至全株所有器官，包括果實與根部。化學殺菌劑的抗病效果高於銅，但也更易導致植株失衡。此外，由於銅是重金屬，所以在經過榨汁或是酒液靜置澄清時便可被去除；而合成農藥卻會在葡萄細胞裡的生化層次殘留，甚至酒中也可檢測出。對消費者來說，兩者差別顯而易見。

其次，必須知道的是，銅通常以礦物鹽的方式使用，例如硫酸銅。在極微量的情況下，銅其實是生命不可或缺的微量元素，化學農藥則非如此。例如，對須靠肝功能調節的人類以及哺乳動物來說，銅有助於免疫功能的運作。銅先是被儲存於肝臟，接著經由膽汁排出，或被傳導至其他器官。極微量指的是「幾毫克／每公斤體重」。其實在古埃及時代，銅的抗感染功效早被認可。今日，我們仍在某些情況下運用銅的淨化功用：若以沿著屋頂的系統排水管槽收集可再利用的雨水，便會以銅材製作，煮製果醬的大銅盆也是另一顯例。事實上，只要謹慎少量使用，銅對致病源都有毒性，如霜黴病菌，然而這同時也會破壞土壤中微生物的生存環境。關鍵就在用量。

快速試算一下。假使一公頃（一萬平方公尺）葡萄園，每年平均使用三公斤的銅，且這些銅全數被土壤吸收。以平均深度五十公分的土層來說，其體積是五千立方公尺／每公頃；此植物性土壤的密度約是一千兩百公斤／立方公尺（布根地土壤因富含黏土以及石灰岩，密度會更高），換算起來是六千公噸／公頃。根據以上假設，土壤中銅的吸收量等於零點五毫克／每公斤，與一塊具有活性的土壤之正常含銅量相當。此外，土壤微生物學專家布津農（Claude Bourguignon）估計依風土條件之別，一塊運作良好的土壤，每年可藉由再次新陳代謝作用（remétabolisation）移除掉約一至三公斤的銅。

銅是否具毒性這個議題，一如許多其他事物，都只是用量拿捏的問題。以我的認知來說，大多數施行生物動力法的酒莊的銅用量，與維持一塊活性土壤所需相當。對於土壤需求的密切觀察，絕對勝於盲目使用化學合成農藥。

Q9 何謂「種植農曆」？有何用處？

施行生物動力法的酒農依宇宙天體的節律進行農事，因此《種植農曆》（*Calendrier des semis*）有助酒農依循施作。《種植農曆》每年由「生物動力農法運動」（Mouvement de culture biodynamique）組織印行。此曆是根據瑪莉亞・圖恩（Maria Thun）與其子瑪迪亞斯（Matthias）[7]，針對月亮與行星對於作物的影響所做的研究工作為基礎。

《種植農曆》是施行生物動力法的關鍵之一：酒農不只是在一處小角落自耕的農夫，而同屬一個更大的整體，整體所釋出的影響，酒農都要能夠感知體會。此農法酒農所參與的是一塊風土、一個地區、我們賴以生存的地球、太陽系，更廣而言之，就是古人所說的宇宙天體。

初次聽聞天上星體能夠影響地球事物的觀念，可能會覺得難以接受（尤其在西方國家）。除了像是月亮對潮汐會造成影響的少數例子之外，現今科學並未對許多傳統文明所描述的影響力進行解釋，也因此未給予任何價值判斷。然而，即便在我們的社會裡，也有不少人被這個常在生物動力法所提到的觀念啟發：「啊，您看月亮來種田呀！」對於無法認可「好似星星會發射一道光線」的星體影響學說的人而言，我建議他們可先做如此假設：假設我們都隸屬、沉浸於一更大的整體之下，而整體的節律影響萬物，包括星體。這些星體就像時鐘的指針，協助我們讀懂節律，我們便可藉此預期可能影響未來的因素。

想要了解節律，先要記得生物動力法常常使用象徵性的推論。例如，人

7《種植農曆》是根據瑪莉亞．圖恩、其子瑪迪亞斯以及工作夥伴的共同研究工作為基礎制定。瑪莉亞．圖恩於一九二二年生於德國，於二〇一二年二月九日去世。

人都可以體察到與太陽相關的節律：如一天當中時辰的規律、一年當中的四季節律。月亮當然與每月時間的長短有關。與月亮相關的兩種主要節律如下：首先是月亮的盈虧，另一為升月與降月的節律。

第一個「月之盈虧」的節律較為人所熟知，即滿月到新月的交替過程。此節律之影響相當容易觀察：滿月前後，影響力大；新月前後，影響力小。也就是月力之強與弱的更迭非常鮮明，我們也可以象徵性地將其類比為太陽的日夜之別。

升月與降月的節律與前者不同，指的是月力的運動方向，我們可以類比為太陽每年的節律。在升月階段，月亮在空中的高度一天高過一天，就像聖誕節（noël，冬至）至聖尚日（saint-Jean，夏至）期間，位於天頂的太陽也是一日高過一日。這是種「微春天」的模式：月力將從內轉外，象徵的意象是外顯、擴張與成長。相對地，降月階段屬「微秋天」模式：月力從外轉內，有助於收縮、內化與為了未來留藏精力。生物動力法使用許多這類交替更迭的觀念，如「擴張與收縮」、「外顯與內斂」、「成長與限制」、「吸入與外吐」。舉例來說：升月階段割草，草之後的長勢有較強的趨勢；降月階段割草，草之後的長勢則趨緩[8]。

第三種來自月亮的影響力，在《種植農曆》裡常被提及與運用。這裡指的是「果日」、「根日」、「花日」與「葉日」。簡而言之，這些影響取決於月亮在空中，對應黃道十二宮的位置而定。以上四種日子，每種每次維持一至三日，對應到某種日子時，植株的該部位就特別容易發展良好。因此根據我們欲食用的部位，我們可以相對應地執行重要的農事（播種、翻土、不同生物動力法配方的噴灑以及採收等等）。例如，選擇在葉日耕種綠色生菜、根日種蘿蔔，葡萄當然就選果日。瑪莉亞·圖恩的研究工作，對於以上四種日子的劃分與強調貢獻最大。

以上幾種對於節律的影響非常重要，且只要付出一些心思就可觀察到。

8 割草如此，剪頭髮似乎也有此現象。

懷抱此概念於心並加以運用是最好不過了。但請注意，別忘了農學知識以及經驗傳承下來的技術。如果土壤過濕或過乾，還硬要在果日翻土，就顯得很荒謬，下場也會很慘。即便是果日，如果下雨還強要採收，也是徒勞。對我來說，翻閱《種植農曆》相當重要，可讓農事進行地更加細膩，也較符合大自然的規律。但在某些情況下，作法仍要保持一定彈性。種植農曆是你決定農事的參考之一，但依舊必須各自訂定不同事項的輕重緩急，這也是酒農的專業與才智之所在。

其實，類似種植農曆已有好幾種版本印行，都是依據相同的天文資料，之間的差別在於各家對星體影響之詮釋與所強調的輕重緩急。除了由「生物動力農法運動」組織所發行的《種植農曆》之外，馬頌（Pierre Masson）所出版的《生物動力法農事本》（*Agenda biodynamique*）也可參考。

Q10 生物動力法有科學性可言嗎？

當與科學領域的人講到生物動力法時，不管是教授或研究人員，我們常會看到相當直覺的反感，有時甚至很激烈。相反地，部分生物動力法實行者在面對科學家的論點時，有時也會產生相當的敵意。

對於此現象，我個人在幾年前也體會到兩邊的觀念鴻溝。當時，我剛來到蒙佩利耶大學的農學院就讀，身為一名葡萄酒愛好者，我也選修了「葡萄樹種植學」課程。開學當天，權威教授齊聚一堂向新生介紹課程，「葡萄樹種植學」教授在結語時，以開玩笑的口吻說：「當然，在此學術高堂之內，我們是不談論生物動……啊，千萬不可，這裡可不教巫術！」語畢，惹得哄堂大笑；教授雖欲言又止，但所要傳達的訊息昭然若揭。根據哲學家笛卡兒的原則，要將自己從過去的偏見裡解放出來，就必須採用「方法懷疑論」，意即萬事皆可疑，且對其他可能保持開放態度（如果我們所相信的事物只單純建立在自身的經驗之上），尤其不要相信大師的話語（不管他有多權威），也不要將其意見內化為己用[9]。根據此懷疑論，我很快地允許自己開始接觸其他形式的農法。

以我個人而言，我完全相信在生物動力法的實踐與科學方法之間，不存在互相矛盾之處。我在科學及生物動力法的領域都有所研究，希望在此向讀者陳述我的幾點想法，也期待可以緩和雙方陣營的歧見。

直截了當地說，生物動力法並不科學，至少不是可以使用科學論理方式，以科學邏輯實證的那種科學（如機械學或生化學）。一般而言，科學邏輯建立於精準、客觀且可量化的測量，並且強調前後的因果關係。相對地，生物動力法運用大量類比或象徵式的直覺推想，較屬於藝術家或詩人的思想模式。舉個象徵性推想的例子：這朵花是黃色的，因此讓我聯想起太陽，而太陽有熱度，所以當缺乏陽光時，這朵黃花可以替我帶來溫暖；雖然此例看似誇大諷刺，但我可以接受。當生物動力法酒農泡製「木賊植物療飲」以對抗霜黴病時，運用的就是這種直覺推想：由於木賊可以自我調節土壤中過多的濕度，故而可以把這項特性傳導給葡萄藤，因而可以幫助葡萄株在潮濕的氣候下，不致長勢過盛（參見Q6）。

我們必須理解這是兩種截然不同的論理模式，各有邏輯。老是要以一方的邏輯斷定另一方的論理是否正確，或認為一方比另一方更有理、更勝出，其實很荒謬。當然，在我們所處的西方社會（尤其是法國），科學論理的方式已高度發展，也帶來許多先進科技，以至於今日，除了科學以外，似

9 笛卡兒（René Descartes）一六四一年出版的《形上學沉思》（*Méditations métaphysiques*）中的〈第一哲學沉思集〉對於「方法懷疑論」說道：「很久之前我就發覺，我從小便接收了許多以假亂真的錯誤觀念，以此謬誤原則建立的事項皆大有問題且充滿不確定性；從此之後，我確認我必須嚴肅地著手拆解之前接收且信以為真的觀念，重新自基礎研究起，才可能在科學上建立扎實且恆定的學問。

乎沒有其他真理存在！然而，若能同時發展以上兩造思想，我們不都是最大贏家嗎？

如果真能如此，我們的社會將更均衡。其實以上兩農法之別，就似人的左腦與右腦各有長處：左腦擅長分析、量化與組織；右腦則善於使用直覺、感性與想像。

以左右腦的差別類比雖然有些簡化，但我認為值得在下一本書另闢專章討論。然而，在此我還是想要稍微岔開話題，說明今日人類對大腦運作的幾點認識[10]。當我們觀察大腦在思考以及感官認知運作時，左腦似乎在反思、演說與處理高頻率資料時（即細節）相當得心應手；右腦則擅長於處理類比式思考、想像力與低頻率資料（即整體印象），此種下意識的類比思考速度（二十毫秒）比左腦式思考（大於三百毫秒）要快上二至十倍。不幸地，今日社會的思考表達方式主要是書寫或話語式語言（相對於類比式思考其實緩慢許多，且有其限制），這在人類演化的過程裡其實相當晚近（且是透過書寫與閱讀的普及化才得以達成）。因此，我們不該忽視右腦的類比式思考力量，畢竟這是人類經過幾千年的演化才獲得的能力，且早於普及化的書寫能力許久。

愛因斯坦（Albert Einstein）對於視覺性思考有強烈偏愛，且認為更簡潔有力，他在寫給一位數學家同儕的信中說道：「在我的思考機制裡，書寫或話語似乎未起任何作用……，文字只在我思考的第二階段才用得到。」[11]

生物動力法關心動植物的生命本身。在此領域裡，類比式論理既快又強而有力。生物動力法認為單以物理法則看待世界，並不足以明瞭生命的全部精妙。因此，應有其他我們五感無法觸及的力量存在，它雖然無法測量，但運用在農業上卻非常重要。魯道夫．史坦勒寫道：「不要只注意物質現象，尤其要關注物質背後的靈性成因。當我們看到一個人正在洗手，此動作

10 資料源自 Georges Rieu 在二〇一三年十一月於「量子行星研討會」中所發表的〈為何我們的右腦呈現嚴重的認知官能不足？如何恢復其活力？〉專題演說。

11 源自愛因斯坦於一九四四年寫給 Jacques Hadamard 教授的信。

可以引出兩種觀察。我們可以研究手臂與其他器官的運作機制，並物理性地描述此動作，但我們也可以觀照此人的靈魂深處，以明瞭驅使他洗手的原因。」[12]

換句話說，目前的科學僅專注在研究物理現象，且具極佳的描述力，但對於「生之力」的理解卻有其限制。生物動力法的目的就是在面向受限的農業裡，導入「生之力」的元素。

12 源自魯道夫．史坦勒所著《神祕學》（*La Science de l'occulte*），Édition Triades Poche 於二〇〇五年出版。

Q11 生物動力法更尊重大自然？

基於慣行農法無從理解支配生命與大自然背後的精妙法則，因而此問題也要從這個面向開始剖析。慣行農法只對實體物質感興趣：像是運作機制與化學作用等等。從字源上來說，agronomie（農法、農學）由 agros（耕地）與 nomen（法則）兩字組成；也就是說，農法就是「強加法則予耕地」。這也是為何以化學農藥對抗病蟲害，注定要失敗的原因。慣行農法提出的解決方式常常是「違逆自然」的，因此長期而言，不但無法解決任何問題，甚至只會使狀況更加嚴重。

相反地，生物動力法的字源已經說明它對於匿身於物質之後的精妙力量有著濃厚興趣。生物動力農法（agriculture bio-dynamique）原來在德文是以「agriculture biologique et dynamique」（有機與動力農法）的字彙組合而成。biologique（有機）這個字已不太需要解釋，而dynamique（動力）則指力量。也就是說，除了不使用農藥迫害生機的有機農法外，生物動力法還研究並運用生命之力量與法則。這種力量雖無法被測量，但效果卻可被觀察。最佳的使用方式就是將生物動力法的多種配方與植物療飲經過動力攪拌後使用。

Q12 何謂動力攪拌？

這個棘手的問題觸及生物動力法最深層的部分。對我而言，要解釋何謂「動力攪拌」（dynamisation）還有些難度，因為我自覺還必須深化我的認知，也還想進行一些實驗。在此僅就我目前理解的知識與大家分享。

生物動力法的主要原則之一，就是假設我們身處的世界並非單由物質所組成，其中還包括「生之力」與一些結構性的原則，因此我們的五感無法直接觸及真實。若我們對待農業一如對待一個生命體，同時在物質層面（化學與物理層面）、「生之力」與結構性原則都下功夫，則效果必定更佳。動力攪拌則是讓這些精妙元素發揮作用的關鍵步驟。而生物動力法以及動力攪拌的字源都來自希臘文的dunamis：力量。

以上陳述的原則，有些人比較喜歡以能量稱呼。以生物動力法而言，主要是在乙太（éthérique）以及星辰（astral）的層面探討。物質的本身即是「訊息」的載體，此訊息又和力量或是某特定程序有關。

除了生物動力法之外，動力攪拌常在順勢療法的各個稀釋階段運用。

*動力攪拌的功用

首先，動力攪拌是指將少量「訊息化」（informée）的物質，經過能量攪動拌融的程序。乍看之下，就只是將經過稀釋的溶液，再攪拌均質化。但除了這表面的量化過程，它主要是發生在不同層面的訊息傳遞與能量浸潤。

以第一層面來說，是將經過稀釋的物質之訊息釋放出來，並將其傳導至整體溶液裡，除了增強其效果，也因此可以進行大面積的噴灑。例如，我們可以將幾公克的生物動力法「配方五〇一號」（填入牛角的矽石粉）泡入十幾公升的水裡（在三十至一百公升的水裡加入配方二至四克），動力攪拌過後可以施用於一公頃農田。經由以上生物動力法程序，我們獲得了經過「配方五〇一號」所「訊息化」後的水溶液，並須在動力攪拌過後的二至三小時內噴霧施用。動力攪拌採用的水也非常重要，除不含污染物（氯、農藥殘留等等），也須是具有活性的水（指對訊息的接收力強）。因此，有不少人使用天降雨水進行動力攪拌。

第二個層面就顯得較為精妙高深：在動力攪拌的過程中，周遭環境的訊息也將全數浸透水中。這裡的焦點在於和水直接接觸的容器，以及該地點的氛圍：動力攪拌用的容器最好是銅槽或陶甕，並且未受電磁波污染。生物動力法的環境考量中，還考慮到攪拌當時的宇宙型態（太陽、月亮與其他行星相對於地球的所在位置）。動力攪拌的時間通常維持一小時之久，而此時的宇宙型態也將被拌入水溶液中。這也是為何酒農必須謹慎選擇動力攪拌的時辰（可能是清晨或傍晚、降月或升月，亦或是果日）。

第三個層面則是人類思想造成的影響，同樣會藉由攪拌而透入水中。

因為思想與動作對於物質與生命體都有其作用。酒農在執行動力攪拌時，必須保有清楚的意識，知道他在幹什麼、為何如此做，以及要達成何種目標，整個執行過程必須十分專注。我也建議讀者閱讀《法國葡萄酒月刊》（*La Revue du Vin de France*）二〇一〇年二月號，由希爾維·奧熱羅（Sylvie Augereau）採訪安妮克勞德·樂弗雷所撰的文章，文裡說明設法讓採收工人維持愉快心情的重要性，因為這種愉悅會傳導給葡萄。[13]

人類的態度與思想所帶來的影響遠比我們認為的強烈，雖然今日的西方文明傾向忽視此面向。我個人也觀察到東方文化比較容易接受這個概念。

＊各種動力攪拌的作法

生物動力農法使用的動力攪拌，是以快速畫圓的方式攪拌溶液，以形成渦旋。當渦旋結構形成良好之後，以反方向攪拌轉換成初始的混沌狀態，接著繼續攪拌形成反方向的渦旋。這種渦旋與混沌的規律性交替，分別象徵了「物質的結構化與稠化」以及「解體與融化」，這種做法與觀念可溯源至煉金術士的古老定律「凝結與溶解」。

動力攪拌時，若量少，可以手工進行（以手臂或借助木棍攪動）；量大，則可以採用「動力攪拌機」（酒農多數使用一百五十至三百公升的攪拌槽），攪拌時間通常維持一小時。講個小故事：當年魯道夫．史坦勒首次在展示動力攪拌方式時，用的是他的手杖以及一只水桶。

動力攪拌的方式不只有一種，順勢療法實驗室裡常用的「振盪稀釋法」（succussion，作法是將整個容器上下猛力振盪）是其中一種；另一種是將水溶液導入連續好幾個淺水盆狀容器所形成的管道順流而下，形成特殊的水流與渦旋，這種設備被稱為「動力水盆」，根據特定比例雕刻而成，流過的水會形成環狀或是八字形水漩。

13請參閱《法國葡萄酒月刊》第五三八期（二〇一〇年二月號），〈Grand entretien avec Anne-Claude Leflaive〉第八至十二頁。

Q13 生物動力法能將酒中風土呈現得更好？

回答此問題之前，我們先回顧一下在葡萄樹種植裡極為常用又備受議論的「風土」概念。風土，這個法文字彙似乎在其他語言裡找不到完全相對應的詞，英文尤其闕如。有些學者自三十年前開始以科學的方法概念化這個詞彙，也獲致了一些成果。事實上，風土一詞的中心內涵非常豐富，但其輪廓卻相當模糊。這也是為何人人聽得懂，卻又無法完美解釋風土的原因。

風土的核心觀念就是：一處天然的地點，一方土壤，於一片天空之下，長出一株植物，帶有如作家柯蕾特所說的「土地之味」（goût de la terre），再由一職人（或酒農）於這塊土地上耕植、觀察，並加以感受。

當然，現代農業帶來許多有用的知識，讓我們得以了解土壤的物理（如土壤粒度與密度）和化學（營養及微量元素）組成。然而，以布根地為例，我們不可忘卻今日雖擁有先進的分析技術，但我們所成就的，並不比古人來得多：幾個世紀以來，修士非常準確地劃分出布根地的風土地塊。我們現代人只能承認其劃分有理，但無法確知他們是如何辦到的。古人當時的作法為何？與一塊地的能量有關嗎？還是我們應該像地質生物學家一樣從地底母岩的重要性探討？此外，東方人則有氣場的說法……。

對我而言，要展現酒中風土，就必須以正確的手法達成，達標的過程則須取得酒農、地塊、植株以及大自然之間的和諧。依此看法，否認大自然「自有其道理」的慣行農法，其實完全忽視此面向之存在，更遑論談及風土的表達。相反地，生物動力法是我認為目前最能達到「自然之道」的農法，因為此農法具有更多面向，有助理解「自然之道」。

欲完全了解風土如何藉由酒中的味道詮釋出來，並非易事，然而下列幾項關鍵要點可以協助讀者明瞭其中奧妙：

- 植物要藉由根部吸取完整營養，則土壤狀態就必須良好。只有重視土壤活力以及其微生物豐富性，才能長久維持土壤原有的物理和化學特性。這道理看似顯而易見，但不幸地，慣行農法卻將之拋在腦後。
- 追求植株整體的最佳健康與均衡。植株的潛在失衡狀況，可藉由化學農藥的停用，以及生物動力法配方與植物療飲的使用，恢復和諧狀態。
- 採收時，若能求得葡萄本身的自然均衡（糖分、酸度、香氣、單寧等等），則現代釀酒學用以修正葡萄酒的技術與設備就都派不上用場；所有的修正都會讓風土失真。
- 存在各塊葡萄園裡的天然野生酵母，在發酵時扮演極為重要的角色，因為「風土之味」就是在此時被釋放出來。以此觀點，發酵的程序其實頗為神祕，且不僅是將糖分發酵為酒精的生化轉換過程。關於此點，我們可以觀察到發酵後的葡萄酒相對於葡萄果實本身，更能呈現兩地塊的風土之別。

基於以上四點陳述，我認為生物動力法乃是最能忠實呈現酒中風土的農法。

第二章

葡萄酒釀造

Q14 如何知道一款酒是否以生物動力法釀造？

進入二十一世紀後的幾年間，生物動力法開始在葡萄酒世界流行起來。我們也可以看到一個非常有趣的現象：二十年前，生物動力法酒農被視為一群「怪咖」，但現在生物動力法卻成為某些人的行銷工具，然而這些人有時言行不一，他們到底在葡萄園裡下了多少功夫，令人懷疑。愈來愈多廣告宣傳，開始使用地球、月亮以及宇宙這類的詞彙。葡萄酒愛好者要如何得知酒農真正使用的是何種農法呢？

此時，認證就派上用場了：除了宣稱所施行的作法，也接受外來的管控。具體來說，像是 Demeter 或 Biodyvin 這類的生物動力法生產者協會，會編製會員必須遵守的農法規章，也唯有遵行不悖才能獲得認證。想要被認證為施行生物動力法的酒農，首先要加入協會，並確實遵守該協會的農法規章。之後，這些協會每年都會委託一獨立機構（如Ecocert公司），管控會員酒農確實依照農法規章行事。協會每年會發予酒農生物動力法認證，好讓後者可將認證出示給客戶參考。酒農也可以將所屬認證協會（Demeter或Biodyvin）的標章貼在酒瓶上。其實，申請「AB」有機認證的程序與此相同，唯一差別在於有機認證的農法規章是由所在國家以及歐盟制定。

生物動力法的施行是指農業技術層面，一開始只認證葡萄種植本身。也因此，一如有機農法，直到最近我們還可以在酒標上看到「Vin issu de raisins cultivés en biodynamie」（以生物動力法種植的葡萄所釀的葡萄酒）字樣。不過，有機農法的法規自二〇一二年起已經修正，現在可以直接認證有機葡萄酒，而非只限於葡萄本身。

＊有機認證規定

有機葡萄酒的釀造新法規在二〇一二年八月一日正式施行，主要陳述如下[14]：

- 必須使用百分之百有機的農業原物料（包括葡萄、蔗糖、酒精、以濃縮葡萄汁精製的糖漿）。
- 限制或禁止使用某些物理程序。
- 只能使用許可的釀酒用添加物與輔助材料。
- 商業銷售用的有機葡萄酒的二氧化硫用量具限制。

酒農必須遵守以上要求才能在酒標標示「Vin bio」（有機葡萄酒），也不能像從前（二〇一一年之前）只對葡萄本身進行有機認證。自二〇一二年份起，酒標也不能再標示「Vin issu de raisins de l'agriculture biologique」（以有機農法種植的葡萄所釀的葡萄酒）。

在生物動力法方面，Demeter及Biodyvin認證協會在許多年前，就要求會員遵守農法規章裡有關釀酒的最低限度規範：目的是在酒窖裡延續對天然釀酒原料的尊重，並且避免使用較為粗暴的釀酒手法（參見Q16）。時至今日，生物動力法的農法規章已經可以認證葡萄酒本身，其所根據的是有機農法葡萄酒的農法規章（生物動力法葡萄酒必須先被認證為是有機葡萄酒），只不過規範要求更加嚴格。

實際上，有不少宣稱施行生物動力法的酒農，因為不同的理由，並未申請認證。有些採用生物動力法已久的酒農完全拒絕外來的管控，也將認證須配合的行政手續視為額外負擔。有些人只在部分葡萄園以生物動力法耕種。還有些只是想把生物動力法當作銷售工具，並藉口說想保持農耕自由度，怕萬一在某些情況下，不得已必須使用不符合農法規章的作法。

14資料來源：SudVinBio職業工會。

對於無法親自確認該酒農真正採用的農耕方式的愛酒人來說，認證是唯一可保證某款酒是否釀自生物動力農法的方式。

Q15 各種生物動力法協會之間有何差別？

近幾年來，由於生物動力法在葡萄種植領域快速發展，因此促使了幾家生物動力法生產者協會的誕生。法國的葡萄種植一向著重風土，且世界聞名，目前有三家主要的生物動力法生產者協會：Demeter、Biodyvin 以及法定產區文藝復興（Renaissance des appellations），這也許會讓不熟悉的人感到混淆。

從一開始，生物動力法運動就是由位於瑞士「歌德堂」（Geotheanum）裡的官方組織以系統化、中央集權化的方式管理，並且自一九二八年起就使用 Demeter 標章，讓大眾消費者認識其農產品。今日，則有國際生物動力法協會（International bio-dynamic association, IBDA）統整全世界的生物動力法運動。在國家的層級裡，也有平行存在於各國的 Demeter 組織，由 Demeter-International 管轄領導，目前統整了十六國的所屬協會，包括法國的 Demeter-France：它們的功能在編纂農法規章、安排並執行對於會員的管控（確認會員的確照章行事），並管理會員在農產品上使用 Demeter 標章的相關程序。具體而言，Demeter 就是認證組織，可以正式向消費者確保某產品是經由確實的生物動力農法所產製，認證範圍包括葡萄樹在內的所有農產品。為了執行上的便利，Demeter 委託專業的私人公司（如 Ecocert）依據農法規章安排與管控會員是否正確執行生物動力農法。Demeter-France 的總部位於阿爾薩斯 Colmar 市的「生物動力法之家」（Maison de la biodynamie）。

生物動力法酒農國際聯合會（Syndicat international des vignerons en culture bio-dynamique, SIVCBD）簡稱為 Biodyvin，是多年前在生物動力法運動分裂出來的生物動力法生產者組織，成立於一九九六年。當時，有些生物動力法的純粹主義者，不時指責酒農未逐條遵守生物動力法的所有原則，尤其認為他們未形成「農業有機體」（理由在於酒莊裡多是單一農作，且欠缺動物生態）。當時協會的會員年費是依生產者的營收比例收取，而酒農從來都不是最大的會費貢獻者，我們同時也可以理解部分酒農難以忍受不時的非難。因此，在阿爾薩斯酒農馬克．萊登萬（Marc Kreydenweiss）與生物動力法顧問法蘭克斯．布雪的帶領下，一小群酒莊決定單為葡萄樹種植成立生物動力法聯合會，自行編纂農法規章，自行頒發與認證 Biodyvin 標章。因而，Biodyvin 僅由施行生物動力法的酒農組成，並認同一樣的哲學：追求卓越的酒質，尊重酒中的風土展現。想要入會者，必須認同追求品質的卓越，才可能入會。因而，Biodyvin 也成為菁英酒農交換技術情報的聖地，愛酒人也可因此找到以生物動力法種植並釀造的風土佳釀。一如 Demeter，Biodyvin 也委託 Ecocert 公司對所屬會員進行農法查核與管控。

多年前，Demeter 以及 Biodyvin 均已在農法規章裡修改增訂，將酒窖裡的釀酒工作也一同納入生物動力法的規章裡（參見Q16）。

第三個則是法定產區文藝復興協會，其成立的時間較為晚近，是由生物動力法的先行者、酒莊在安茹（Anjou）產區附近的偉大酒農尼可拉・裘立於二〇〇一年所創；裘立以其對於生物動力法的狂熱和著作聞名[15]。本協會成立的宗旨在推廣生物動力法以及具風土之味的葡萄酒，強調在葡萄樹種植與酒窖工作都應求真求實。其推廣方式主要是針對專業人士（進口商、侍酒師、葡萄酒專賣店人員等等）與全球葡萄酒愛好者舉辦品酒沙龍，期待進而能在市場上造成影響。法定產區文藝復興協會比較像是生物動力法的「商業展示櫥窗」，並不直接參與認證，也不管控會員的農法執行狀況。也因此，要參加本協會的會員必須事先取得 Demeter 或 Biodyvin 的認證。

今日的生物動力法發展已相當成功，但也出現濫用「生物動力法」為行銷工具的情況發生，形成「說的比做的還多」的現象出現。我記得曾在二〇〇九年某期《法國葡萄酒月刊》裡讀到一家酒莊以整頁廣告的「生物動力農法」為商業訴求，然而，這家酒莊根本未獲認證。由此，我看到了潛在亂象正在兩個層面發生。

第一個層面是以「烹飪食譜」的方式操作生物動力法，釀造者盲目地跟隨書本或是顧問的建議，對此農法缺少深刻理解，尤其是欠缺個人信念。第二個層面是以「加拿大薑汁汽水」（Canada Dry，此飲品特色為有薑汁顏色但無薑汁的味道）式的手段操作：高聲疾呼採用生物動力法，但在較為麻煩的年份卻不排除偷偷使用化學除草劑；簡而言之，屬於「不老實的生物動力法」。

在以上情況中，愛酒人想要確實知道某酒農或酒莊真正在葡萄園裡的作法，進一步辨別其實施的是真正的生物動力法還是偷雞摸狗的農法，其實很有難度。

與有機農法不同，生物動力法並未在歐洲各國與歐盟有明確定義或被承認。因此，目前唯一的保障方式就是使用私人商標。以Demeter來說，他們就以法文註冊了「bio-dynamie」，英文註冊了「biodynamic」為商標。然

15 尼可拉．裘立著有《從天空到地球的葡萄酒》（*Le Vin du ciel à la terre*），二〇〇七年由Éditions Sang de la Terre於巴黎出版。

而，這也需要該協會對「粗心冒用」商標的釀酒人提告，才得以讓此商標獲得應有保障。不過，Demeter 尚未對此提出檢舉，因而各個愛酒人須向釀造者詢問，以確知其真正使用的農法。除了愛酒人須特別留心外，也希望媒體能夠將可靠的訊息公告周知，讓大家有足夠的判斷依據。

無論如何，如果該莊（該酒農）屬於前述三個協會中的一員且獲得認證，則消費者應可以放心信任這些釀造者，他們確實誠心地在園區裡施行生物動力法。

Q16 生物動力法也可以用在葡萄酒釀造？

生物動力法既然是農法的一種，施行處當然便是在葡萄園裡。一如有機農法，其農法規章一開始只針對葡萄果實的生產（參見Q14）。不過，自二〇〇九年開始，兩家最主要的生物動力法認證機構Demeter與Biodyvin開始要求所屬會員遵守與釀造相關的規章，因而酒農從採收到裝瓶的所有階段也都受到管控。不過，由於魯道夫．史坦勒以及其人智學運動的後繼者，都未針對包括葡萄酒在內的食品加工程序做任何指示，那麼關於釀酒的農法規章到底須制定哪些事項？其實，Demeter與Biodyvin在釀酒上的農法規章近乎完全相同，只在極小細節有些許不同（但這基本上僅對釀造技師有意義）；因此以下的討論基本上可代表兩家協會的制定觀點。

釀酒農法規章制定之目的，在向消費者確保食品品質之維持與增進；更廣義來說，是希望在釀酒過程裡尊重生物動力帶來的所有優點。理論上，他們所欲達成的理想目標是「以生物動力法葡萄釀酒，且在釀酒、培養以及裝瓶時都不放添加物」。然而，一如有機農法，釀酒規章在實際執行時只管制現代釀酒技術的運用：只允許使用種類有限的添加物及輔助材料（如微量二氧化硫）、禁止添加人工選育酵母、禁止加酸、有限地添糖以提高酒精濃度、管制黏合濾清及過濾手法等等。簡單來說，以上非常像是對於有機農法的「反向定義」：禁止使用最粗暴、失衡，甚至造成負面效果的物理和化學手法（參見Q4）。其實這很合理：我們可不想在酒窖裡毀掉在葡萄園裡下的苦功！

對於釀酒農法規章的制定，我覺得還有些討論不足之處，再此提出我的三點觀察。首先，部分釀酒手法的許可與否，仍在酒農間造成不小的爭論，即便是在認證已久的資深酒農間仍是爭執不休。以添糖（chaptalisation）為例，有些人認為此非自然之舉，可能會因此改變葡萄原有的均衡，而抹滅該年份的印記，也不夠尊重風土。相反地，有些人則覺得在發酵階段少量添入有機蔗糖（以提高酒中的酒精濃度），實屬正面；還認為酒精可以增強葡萄裡的自然力量，添糖的作法因此可以大大增加葡萄酒的儲存潛力，發酵時的添糖也可和諧地融入酒體結構。此辯論仍尚未達到共識。

此外，前段所提到的管制與限制的釀酒手法（加酸、添糖、使用人為選育酵母、過量使用二氧化硫）也可能發生特別通融的情況；若真發生，又如何取信於人？另外，Pierre Overnoy 或是 Marcel Lapierre 這樣的前輩酒農可以在自外於釀酒規章的情形下，以「零添加」的信念釀出「理想中的葡萄酒」，實讓以上違規行為更加顯得尷尬。

由於此釀酒農法規章是藉由限制某些釀酒手法，以反向定義生物動力法在釀酒時所應遵守的項目，因此，對我來說這只是第一步。下一步，則應提出生物動力法在釀酒時的自有技術：例如使用宇宙節律（biodyvin 的釀酒規章裡有簡單提到）、將動力攪拌運用到釀酒程序、運用「訊息化的水」與生物能量的技巧等等。幾年前起，已經有一小批先行者朝此方向實驗並加以運用，希望不久的將來這些技術能夠廣傳出去。

如果我們將人智學對於食物的觀念謹記在心：除了餵養肉體之外，也應滋養靈魂與精神；那麼極其自然地，生物動力法也應該對於果實在加工釀造的層面產生興趣。在此層面上，未被實驗與研究的領域仍然相當廣大。我也冀望某些人士不要在有心人試驗初期，就急忙以僵化的觀念扼殺可能的發展。

Q17 生物動力法葡萄酒不含二氧化硫嗎？

首先，我想先做些解釋，以免各位混淆了在葡萄園裡和在酒窖釀酒時的兩種硫。

葡萄園裡的硫被當作殺除真菌的藥劑使用，主要用以對付霜黴病，呈粉狀（硫粉）或微細粉末：可加以潤濕成液體狀態後，噴霧使用。此硫會附著在葡萄葉表面幾天之久，隨後昇華、釋出蒸氣，對黴菌的新陳代謝產生干擾。

酒窖用硫的目的在於穩定酒質，這裡指的是亞硫酸。將硫磺燃燒後，會產生二氧化硫氣體（就像燃燒含碳的分子會釋出二氧化碳）；二氧化硫氣體具有刺激性，也不便直接使用，所以我們常將它溶在水裡以形成亞硫酸（H_2SO_3）。之後，酒農在釀酒、進行酒質培養與最後的裝瓶過程裡，可以把此二氧化硫水溶液（亞硫酸）添入酒中。本章節所討論的只限於這種酒窖裡的硫。

亞硫酸有什麼特性，使它如此不可或缺？亞硫酸具有極佳的保護特性，可讓葡萄酒在其一生當中對抗兩種主要風險：酒質遭受微生物破壞，以及接觸空氣而氧化。二氧化硫不僅可以滅菌（依用量之別，可對抗細菌及真菌），還可以抗氧化。然而，使用過量將導致嚴重後果。

＊亞硫酸使用過量可能帶來的不好後果

- 對葡萄酒而言：

酒香可能完全閉塞不出，口感顯得死硬。這時已難以討論酒中的風土之味，因為不管身在法國松塞爾（Sancerre）產區或紐西蘭，硫味聞起來就是硫味，並無二致。

• 對飲酒人而言：

小心，保證頭疼上身！

生物動力法的釀酒農法規章，試圖要求會員避免過度使用會降低葡萄原有能量的添加物：尤其是亞硫酸。目標是依據葡萄酒真正的需要，給予正確用量。不過，這需要真正的釀酒職人才能實際達到：須根據每批酒、每年份的情況斟酌使用。因此，也不可能須布一個通則，釀酒規章通常只滿足於設定一個最高允許用量，這其實比法律更為受限。實而，在兩名生物動力法酒農之間，我們常可發現兩者的亞硫酸使用量差別相當大，甚至常可看到完全避免使用的情形。

自然酒協會（Association des vins naturels）是由一群釀酒者與愛酒人組成的團體，他們的共同目標在於以不添加二氧化硫的方式釀酒，所以標準設定得相當嚴苛。很自然地，該協會會員都對有機及生物動力法存有好感。然而，由於該協會對於所施行的農法並不進行任何管控與認證，因此，是否選擇相信協會內各家會員的說法，只能由您自行判斷。

＊二氧化硫用量上限範例比較

以下是依據二〇一一年不同版本的釀酒規章比較「總二氧化硫用量上限」的差別。以下為在橡木桶進行長期酒質培養的布根地干白酒。

- 一般性規範（歐洲國家）： < 200 mg/L
- 歐洲有機葡萄酒： < 150 mg/L
- Demeter： < 90 mg/L
- Demeter（特例）： < 140 mg/L
- Biodyvin： < 135 mg/L
- 自然酒協會（AVN） < 40 mg/L

結論是，生物動力法葡萄酒並非「無硫葡萄酒」的同義詞。幾位先行者向我們展示了「無硫釀酒」的道路，然而潛在代價卻可能相當大。好幾位傑出的生物動力法酒農（尤其是釀出偉大白葡萄酒者），坦承如果要維持經常性地釀出極為細膩、帶礦物質風味且忠誠表達風土特色的葡萄酒，那麼，現階段完全不使用二氧化硫是不可能的。

Q18 生物動力法葡萄酒能夠陳年嗎？

在前一個章節之中，我們處理了與保存直接相關的二氧化硫使用議題。如果對於大部分酒農而言，生物動力法的採用與減少二氧化硫的使用，都可讓風土更加忠實地表達出來，也能將葡萄與葡萄酒中的自然能量保存得更好，我們應該可以期待生物動力法葡萄酒在裝瓶時，具有更好的生命力與能量。

通常來說，生物動力法葡萄酒會比慣行農法葡萄酒來得更有生命力。也因此，生物動力法葡萄酒對於儲酒環境會顯得更加敏感：不管是好的或壞的儲酒環境皆是如此。我們先從保存溫度探討：所有愛酒人都知曉其重要，但少有人真正念茲在茲。請記得，一款無添加二氧化硫的生物動力法葡萄酒，必須恆溫保存在攝氏十五度以下（或至少攝氏十五度）。理想上，要讓葡萄酒和諧陳年的酒窖溫度應該在攝氏十二度（溫差上下兩度之間）。然而，這樣的理想酒窖實在罕見，在大多數情況下，一般愛酒人的葡萄酒庫存最好是暫存性質：建議兩年內就喝掉。

除了保存溫度之外，其他干擾都有使葡萄酒「疲累」的潛在可能：

- 噪音以及振動（通常位於市區之故）
- 化學性污染（儲酒空間裡有怪味，或是空氣中有化學藥劑殘留）
- 磁場污染（電子產品或是超高頻污染）
- 地質生物學上的干擾
- 以及其他干擾

除了儲酒環境之外，葡萄酒的封瓶方式也有討論之必要。傳統上，都是以軟木塞封瓶；由於軟木是天然材質，因此每批的特性都會有些不同，其中最重要的特性，就是它對於空氣中氧氣的滲透性。事實上，即便是同一顆軟木塞內部的木質纖維都存有相當大的變異：包括密度、年齡、瘻或孔洞的存在、單寧的成熟或青生等等。這還不包括氯的殘留物污染，此亦為軟木塞怪味的來源。此外，即使保存環境一模一樣，以上所說的軟木塞變異還是會造成「單瓶差異」的情形產生，且隨著時間拉長，差別會愈來愈大。難怪侍酒師之間流傳著一句名言：「沒有偉大的葡萄酒，只有這瓶酒是否偉大！」以上的現象也使得有些採行生物動力法、且不用二氧化硫釀酒的酒農改採其他封瓶方式，像是金屬瓶蓋（如阿爾薩斯的 Pierre Frick 酒莊）或是玻璃瓶塞。乍看之下，或許有人會感到驚嚇，因為封瓶方式比較不自然，但請大家耐心讓時間做最後的裁判，看看酒中的能量在一段時間之後，是否因此得以保存地更好。

因為以上種種原因，有些人可能會認為生物動力法葡萄酒比較難以捉摸，也對周遭環境更為敏感，至少相對於慣行農法葡萄酒似乎是如此，而後者多半較為死板、沒變化。生物動力法葡萄酒或許較為難以預料，但不可否認地呈現更飽滿的生命力。各人擇其所愛，愛其所選吧！

Q19 如何分析一款生物動力法葡萄酒？

現代釀酒學對於葡萄與葡萄酒的了解，都建立於化學組成上，當然，這還包括發酵以及培養期間的轉變過程。早在幾十年前，這樣的研究取向就已經普及於一般農業，但在葡萄酒的世界裡，則相對較為晚近。隨著國家釀酒師文憑（Diplôme national d'oenologue, DNO）學程在一九五六年設立，這樣的研究方法開始有了長足的發展。建構此大學學程的中流砥柱，就在於葡萄酒化學與相關分析技術的學習。進行這些化學分析的目的是在分離出幾個關鍵參數以得到足夠資訊，希望能藉此解釋一些葡萄酒裡產生的現象，加以預測，最後達到得以控制的目標。我稱此為「校正式釀酒學」，其目的就在修正葡萄酒；甚至在酒還沒釀出之前就進行，以期更接近理想中的分析參數。有意思的是，法國的國家釀酒師文憑在傳統上是由醫藥學院頒發。所以，釀酒師就是葡萄酒的藥劑師？

在這裡，我想向釀酒人與愛酒人指出此種研究取向所帶來的重大風險。無可否認，現代釀酒學以科學方法與儀器協助酒農在釀酒過程做出更好的決策；然而，他們通常太過依賴實驗室的分析表單，專注在勢必過於簡化的數字上，而忘卻了觀察的重要性。「奉分析表單為神明」的現象，促使部分釀酒顧問（釀酒師）在各層面展開修正：包括酸度、酒精濃度、氮含量、單寧、果汁／果皮比例等等。據我觀察，這現象主要發生在新世界釀酒國家，但法國也仍有此情形。這裡舉一個我親身經歷的顯例，我當時正在阿根廷某家大規模的酒廠釀酒，團隊共有八名釀酒師，每年必須釀造兩千五百萬瓶葡萄酒。在此溫暖產區，葡萄熟度通常相當高，但酸度通常不足（酸鹼值在三點六至四點三之間）。依據釀酒學院的教導，紅酒的理想酸度經過換算應是酸鹼值三點五，為盡量接近此數值，釀酒師便在酒裡添加為數不少的酒石酸。在酒窖裡，葡萄汁經常接受每公升一至二點五克的酒石酸修正。不過，若是酒廠收到一批來自較涼爽山區的梅洛葡萄，酸度較尋常高出許多（酸鹼值為三點三），此時又必須朝反方向修正：以碳酸鈣降低酸度！這景況不僅嚇人，還很浪費時間，其實只要將這批過酸的和另一批酸度不佳的葡萄混調或混釀即可。這樣的蠢事之所以發生，就是因為過於盲信分析數字的關係：一張數字好看的分析表單背後隱藏的可能是平庸的葡萄酒，而絕世好酒的分析數據卻可能非常不典型。

葡萄酒的品嘗感受複雜且整體，一個參數的獨立存在沒有多大意義，實須與其他參數共存，此即和諧共融的概念。以德國的偉大甜酒來說，酒裡的高酸度可均衡其高殘糖，讓酒均衡、不過於厚重。另舉一例以深化討論：我曾喝過2003 Domaine Zind-Humbrecht Gewürztraminer Grand Cru Goldert，這是款個性鮮明、均衡，干性且強勁的白酒，我當時猜測酒精濃度應在百分之十三點五至十四；沒想到，酒標上竟標出百分之十七！我從未料到，原來高度濃縮的酒體裡，竟可以如此和諧地融入這樣的高酒精濃度。相對地，一款酒體薄瘦的葡萄酒，在經由添糖讓酒精濃度上升百分之一點五後，整體酒精濃度雖在百分之十二，反而會帶來灼熱的口感。

當我們面對生命體時，數字的判斷必然顯得過於簡化。農業學家曾對土壤沃度做過實驗，長久以來他們認為，只要分析土壤的三種礦物質（氮、磷、鉀）含量，就足以測知作物所需。這種過於簡化的推論方式，助長了氮磷鉀肥的廣泛使用；然而這類肥料對植物提供的並非健康的養分，這些以可溶解性礦物鹽所組成的肥料看來效果不錯，但下場就像你我天天喝充滿精製糖的可樂一樣！施用氮磷鉀肥就像替植物打營養點滴，但生命體所需的絕對不僅止於此。

一如許多生物動力法酒農，過去幾年來，我對於量化的化學分析開始保持一定距離。然而，若不採取量化分析，我們應如何評估具有生命力的農產品品質呢？當然，我們可以運用葡萄酒品嘗技巧，但在魯道夫．史坦勒的啟發下、由菲弗醫師（Dr. Ehrenfried Pfeiffer）所發明的「高敏度晶體成像」（cristallisation sensible）技術也可用以判斷。「高敏度晶體成像」技術首先用於醫療（檢測血液）以及農業，我們可以借此檢視產品的生命力。實際操作上，是將一滴葡萄酒加入氯化銅溶液，接著讓它在乾燥箱裡以穩定且可被重複操作的方式蒸發以形成結晶，此時氯化銅就會依該農產品的生命能量以特定的結晶形式呈現出來（就像雪花片的結晶）。根據晶體成像，可判斷的面向複雜而多變，可能包括酒的和諧度、成熟度、儲存潛力、對氧氣的敏感度、是否有黴菌存在等特點；可說是相當強大的技術。

二〇〇三年份的夏季氣候極端炙熱，布根地甚至在八月底就開始進行採收。普里尼—蒙哈榭一如其他酒村，當年葡萄極熟但也非常欠缺酸度，所有釀酒顧問持續警告：「務必加酸，否則葡萄酒無法陳年。」我曾服務的Domaine Leflaive當時並未加酸，然而二〇〇三年份實在太怪異，所以當時的釀造總監皮耶・摩黑（Pierre Morey）也無可避免地反身自問。最後，他與莊主安妮克勞德・樂弗雷決定實驗：三款樣本酒加入不同程度的酒石酸，最後一款則是不加酸的對照組。這四瓶樣本被送至平日協助酒莊進行「高敏度晶體成像」檢測的釀酒顧問瑪格麗特・夏貝爾（Margarethe Chapelle）手上，在不告知對方他們所進行的酒質修正情況下，詢問其意見。她依照「能量」及「儲存潛力」由高至低的順序排列：結果發現酒石酸添加愈多的樣本，「能量」與「儲存潛力」就愈差。此消息對當時相信葡萄本身潛能、決定不加酸的摩黑而言，無疑是一大鼓舞。二〇一一年時，藉著品嘗Domaine Leflaive全系列二〇〇三年份酒款的機會，我觀察到，雖然酒中酸度並未奇蹟似地返回，然而隨著時間推演，這些酒都成功地找到自身的平衡感。更令人驚豔的是，它們都還未到達風味的頂峰，且醒酒的時間愈久，表現愈佳：風味在三至六小時後表現更好，對於氧化也不太敏感。釀酒學教導我們酸度在葡萄酒儲存潛力之必要性，而酸鹼值又與二氧化硫的抗氧化能力直接相關；但就方才實驗所證，並不必然如此！

下結論之前，我想先回頭檢視布根地「克理瑪」（climats）之劃分，及其所對應的法定產區（參見Q13）；它們的劃定主要根據中世紀修士的研究所得。今日的我們雖已經具有分析土壤的先進設備，可探知土壤以及母岩的礦物質組成，甚至可以測量黏土的內部表面積，將地力量化[16]；然而我們卻常常發現，每當出現「古今相左」情形時，我們常只能說出：「古人所言果然沒錯！」等感想。所以，請不要盡信化學分析數據的能力。

16 此測量方法經 Claude 與 Lydia Bourguignon 改良後提出。

第三章

葡萄酒的品飲

Q20 如何品飲生物動力法葡萄酒？

在本書前兩章，我試圖解釋生物動力法酒農透過何種方法釀造更具生命力的葡萄酒。對我來說，生命力的反例就是標準化。依據此假設，則每次的品嘗經驗都是獨一無二：品酒人與其正品嘗的酒之間，形成一種特殊關係。

在「標準化視野」下，每種酒都被以同樣的方法分析與描述。這種方法屬於左腦的領域（參見Q10）。此領域的品酒專家，會宣稱某款酒就應具有哪些風味；此領域的酒書，會將酒分門別類，並告訴你梅索（Meursault）產區的酒喝起來像這樣，普里尼—蒙哈榭品來應像那樣等等，此領域的酒評家會以「百分制」進行量化評分。這種對待葡萄酒的視野，在一九八〇年代以降快速發展起來（主要是盎格魯撤克遜文化的觀點），後來造成相當大的影響，雖然如今這股風潮似乎開始遇見瓶頸。對於標準化、經過現代釀酒學修正以獲取酒評高分的葡萄酒而言（葡萄酒也可能同時被「木乃伊化」了），以上看待葡萄酒的方式顯得很自然，但同樣的方法卻不適用於生物動力法葡萄酒。我們必須曉得，這種標準化的品嘗方式並非自古使然。以中世紀時期來說，當時的專業美食家的品鑒方式就相當不同，關於此點，傑克・希果（Jacky Rigaux）在其傑作《地理感官品酒學》（*La Dégustation géo-sensorielle*）[17]裡就說道：「地理感官式的品酒，主要是以金屬試酒碟（taste-vin）進行，而非現代品酒杯；通常在暗處或是微暗的地點進行，而非亮晃晃的明室。品酒人希望藉此品酒法以領略葡萄酒的肌理，香氣反是其次；還要觸及酒的複雜度、體會酒質自行緩釋出礦物氣質的過程，希望最後能達到一

---

17 由 Terres en Vues 出版。

種均衡感，一種完美的和諧性。」[18]

相對地，我稱之為「生命性視野」者，則屬於右腦的領域。此領域特別著重葡萄酒的獨特個性，以及品酒人與當下的關係。若遠離通則性與簡化的標準，此時「真理」是相對、豐富且主觀的，因為此時的「真理」全然建立在品酒人的個人感知上。「生命性視野」的觀點教導我們在品評葡萄酒時，可以少些理性，多留些空間給感覺本身。此外，「感覺與領略葡萄酒」（Sentir et ressentir）是我們在二〇一一年於普里尼—蒙哈榭村的「葡萄酒暨風土學院」所設計的一堂課程。課堂上我們做了幾項簡單的實驗，例如在矇起雙眼的情況下品酒，理智會在此時稍事休息。這概念是希望品飲者能以全身感覺。藉此，品酒者能更深入地感受葡萄酒，而不只是按順序寫出聞到的香氣。不過這種暫時放下理智的品酒感知，也較難以言語表達。

當然，最理想的狀態是品酒人可以「左右開弓」，左右腦並用。至少，這是我個人努力的方向。我所受的科學教育是堅實架構在大量吸收數學、物理以及化學的知識，自學院畢業後，我也藉著品酒、勞動以及施行生物動力法來發展我的感知能力。

在實際操作上，如何使品酒者與葡萄酒之間的關係更加緊密？其實，只要讓兩者盡量處於最佳狀態即可。葡萄酒方面，首先須創造理想的品酒環境，讓酒的風味可以完好展現。時間是個重要的因素，必須花時間細嘗。我不喜歡使用醒酒器，這種處置有時對酒過於猛烈，對於老熟的酒尤其如此。我反而建議在一開瓶就先試酒，接著將它放在酒窖溫度裡一段時間，過三十分鐘到三小時後，再回頭試一次。有生命力的葡萄酒必須呼吸，風味才能重新聚焦。在此情形下，才能見識到這瓶酒的最佳表現。

18引自馬歇爾．戴斯（Marcel Deiss）在阿爾薩斯 Université des Grands Vins 的某場研討會的發言。

*品酒實驗與評析

以下這篇刊載於《法國葡萄酒月刊》的品酒實驗文章證實了我的說法。此文比較了來自法國不同產區的五款年輕紅酒（布根地黑皮諾、波爾多卡本內蘇維濃、羅亞爾河谷的紅酒、法國南部紅酒等等）。分別在開瓶後的兩分鐘、兩小時以及兩天後品試。

- 兩分鐘：開瓶即品試，無其他準備工作。
- 兩小時：將酒倒入大開口的醒酒器，使其接觸氧氣醒酒。
- 兩天：開瓶，不入醒酒器，原瓶讓酒和緩地接觸氧氣。
- 結果：通常開瓶兩天的葡萄酒最好喝，而以醒酒器醒酒的通常表現最差，且常會放大酒精感，同時減損了細膩度與均衡感。

品酒人則須放輕鬆，準備充足的品酒時間，不要感受到外來的壓力。這看來似乎理所當然，因為朋友間的品酒聚會通常就是如此進行。然而，在短時間內須品嘗大量酒款的職業品酒會裡，則難以同時滿足以上條件。

關於酒杯，我特別想討論的是：酒杯身為葡萄酒與品酒人之間的中介角色。現有不少釀酒顧問開始對酒杯的形狀產生興趣，我們也可在市面上找到形形色色大小與形狀各異的杯子，宣稱適用於不同類別的葡萄酒：如紅酒、白酒、甜酒、波爾多或布根地葡萄酒、年輕酒款或老酒等等。但是極少有現代的酒杯製造商真正研究過製杯的材質。然而，材質本身攸關於此杯所扮演的角色：在酒與品酒人之間，杯子可能是「過濾器」，也可能相反地傳遞出酒中攜帶的訊息。這讓我想起二〇〇九年十二月在葡萄酒暨風土學院與布魯諾・昆紐（Bruno Quenioux）一同舉辦的品酒會。會中的實驗之一，是以兩種杯子比較同一款酒。第一款是Spiegelau廠牌的「Expert」型號杯：杯形大而現代，為多用途杯；第二款是Baccarat水晶廠的杯子，由昆紐本人在一九九〇年代設計：杯形經典且較小，是以高純度水晶手工吹製而成。所品酒款是二〇〇四年份Domaine de Villeneuve Châteauneuf du Pape紅酒，是款生物動力法葡萄酒。在Spiegelau杯中，酒質顯得強勁，口感豐富，但帶有略微過多的土壤氣味，有點厚重，幾近粗獷；我不是特別喜歡，覺得缺少優雅氣質。在Baccarat杯中，香氣比較沒那麼強勢，口感還是有土壤氣味，但粗獷不見了，取而代之的是如水晶般的通透與純淨感；這是在第一杯中我完全未感受到的。我不僅偏愛第二杯，還在其中探得源自偉大風土的生物動力法葡萄酒的優點。以上的小故事讓我反思，現代的酒杯常以符合釀酒學的原則製作，其主要的強項是在香氣的分析，對話的目標主要是我們的左腦。相對地，老式的純水晶杯（甚至是以貴金屬製成的試酒碟），雖然杯形比較沒有放大酒香的效果，卻強化了人與葡萄酒之間的微妙連結。

「如同其他形式的藝術，品嘗葡萄酒可讓我們脫離現實羈絆。它還是文化的泉源，品酒教會我們分辨與承擔判斷，並讓我們與大自然和解。」

馬克思．雷格里斯（Max Léglise）

具有生命力的酒款，或是生物動力法葡萄酒，允許我們再度實踐以上所說的品酒經驗，然而若是標準化的葡萄酒廣為傳布，這樣的品嘗體驗將可能消失。

我在前幾段說過，要能更完善地品嘗一款葡萄酒，品飲者務必要以全身感受。這到底是什麼意思？通常，我們所學習到的品飲技巧，是以五官感知清楚且容易分析的資訊。譬如透過視覺我們可以知道酒色，透過觸感可以感覺濃稠度或是單寧的質地，經過味覺可以探知酸度、苦味、甜味或鹹味。只有嗅覺有時難以分析。但我們也可以進一步探索，感知這款酒在身體其他部位所帶來的整體感受。比如，我們可能會覺得某款酒會竄上頭，或相反地沉至腹部的深處，或甚至在背脊上帶來一陣涼意。有些酒喝來身體會感到輕飄飄地，似可飛起；也有些酒飲後卻感覺身體沉重，雙腳如樹根被深扎土裡。

若再往更整體性的體驗衍生，與感官分析不一定相關的影像也可能滲入腦海。例如：希臘夏季海島上的炙烈午陽，或是秋季早晨的林中漫步；這些影像闡釋了未經理性化思考的整體而複雜的感知。對我而言，這才是雷格里斯那段話的真正意涵，唯有如此，品酒才能真正邁入藝術的殿堂。

Q21 生物動力法葡萄酒更有益人體健康？

許多人會期待生物動力法葡萄酒更有益健康，而這答案是肯定的，因為生物動力法首先是用以生產健康、優質與活力農產品的一種農法。我在前面曾解釋過（參見Q10），對於魯道夫．史坦勒來說，單以物理法則並無法理解生命所有微妙之處：尚有其他「生之力」的存在。這些力量無法以五感觀察，因而無法測量，卻應在進行農事時將其考量進去。這樣的假說也同樣可以運用在食物生產：食物的化學組成分析（如碳水化合物、脂類、蛋白質、礦物質、卡路里），只能讓我們明瞭食物真正品質的一小部分，卻對其活力一無所知。可讓我們評估能量的「高敏度晶體成像」技術（參見Q

19），向我們顯示生物動力法酒款在平均能量的表現上優於其他葡萄酒。同時，生物動力法葡萄酒也更容易被人體吸收與消化，以下舉兩個例子說明。

第一個是我太太的例子。她平時也愛喝些品質不錯的葡萄酒，然而若是她在晚餐時喝了兩杯，半夜則老是會因為心跳加速而醒來，直到凌晨才能再度睡著。但若她喝的是生物動力法葡萄酒，這種現象就幾乎不曾發生。雖然在科學上無法解釋以上情形，但身體卻表達了我們難以否認的某種「真實」。

第二個例子是安妮克勞德・樂弗雷告訴我的。某次晚宴，坐在她旁邊的有土壤微生物學專家布津農夫婦，以及原來不太認同生物動力法的前農業部長，這位部長還有一位醫師朋友陪同用餐。這名醫師近年來過得相當痛苦：他曾熱愛葡萄酒，但罹患喉癌之後，每一口葡萄酒都伴隨難以忍受的炙喉苦楚，為了緩解，他都會再吞一大杯Malox胃藥。安妮克勞德・樂弗雷問他是否曾喝過生物動力法葡萄酒，他回答未曾聽過。她便倒給他一杯，醫師驚訝地發現他又可重拾品酒之樂，而不覺喉痛惱人。對這位西方醫師來說，這實在難以理解，但身體卻反映出某種道理。

以上兩例，難以用科學解釋，但身體卻表達了某種難以忽視的「真實」；身體最老實，絕對不會錯。在西方的文化裡，我們不是將身體與精神對立，就是認為身體與精神可以獨立存在。在此概念下，我們要將智慧放在哪種位階？或許屬於精神層面？如果我們真如此認為，則我們應多將注意力放在觀察身體的反應（像是感覺與情緒），而不只是食物本身。或許我們終將發現一種更為有用、更為可信的「身體智慧」？

Q22 生物動力法葡萄酒的風味異於其他葡萄酒？

今日，許多人都說生物動力法酒款嘗起來與其他葡萄酒有些許不同，即便是相較於有機農法葡萄酒，亦是如此。首先是部分酒農如此認為，或許您會覺得來自釀造者的意見過於主觀，但酒農對自家酒款的了解當然最深，而且他們在同一地塊上，以包含生物動力法在內的不同農法葡萄釀造酒款。不僅如此，葡萄酒作家、侍酒師、葡萄酒專賣店人員以及業餘品酒者都有此觀察。

將多數人的品酒意見匯集後，可得出生物動力法葡萄酒具有較多的礦物質風味與較好酸度等結論，我本人也有此觀察。對我來說，「較好的酸度」不僅指量，也指稱酸度的品質：這是屬於較成熟的酸度，而非青生酸味。乍聽之下，您可能頗感訝異，但酸度的確存在品質差異；而這差異無法由化學分析（總酸度或酸鹼值）測知。不管是紅酒或白酒，酒農在炎熱年份（或在炎熱地區種了不適合的品種）採收時遇到的主要困難，是在獲取果實、香氣以及單寧的完整成熟時，還能維持不過高的酒精濃度，尤其還能不喪失帶來酒質張力的要素：酸度與礦物質風味。若欲釀造偉大的白酒，最糟的狀態是為了怕酸度損失過多，被迫在果實臻至完美成熟之前就動手採收；假使採收前幾天的氣溫過熱，便確實有此風險。布根地的一九九七年份就遇上此狀況：當年的九月份非常炎熱。安妮克勞德．樂弗雷回憶說，也是在此艱難時刻，我開始明瞭生物動力法對葡萄均衡所產生的影響。事實上，替Domaine Leflavie以及金丘區不少酒莊進行實驗室分析的釀酒顧問當時便觀察到，除施行生物動力法的Domaine Leflavie之外，多數酒莊所採的葡萄皆有酸度大幅降低的情形。因此，若想在炎熱年份釀出均衡的好酒，生物動力法可說是「王牌祕技」。

除了吸收自土壤的礦物質風味外，品酒人對生物動力法的描述用語還包括：深度、修長感以及扎實感。還有人說：綿長度、複雜度與純淨感。我必須承認，即便我們感覺酒的風味有所區別，但要清楚描述卻相當不易，我們所用的語彙相當受限。容我再強調一次，生物動力法葡萄酒的品嘗有須注意的特點（參見Q20）。其實，深度、修長感以及扎實感，就比較是典型的感受形容用語，而非準確的分析式詞彙。當我們詞窮時，或許應該使用言語描述之外的表達方式：像是詩、歌唱、手繪或甚至是繪畫？

Domaine Leflavie是以漸進的方式，花了八年時間才完全改以生物動力法種植。在一九九一至一九九七年期間，安妮克勞德．樂弗雷與當時的釀酒技術總監皮耶．摩黑，決定把Bâtard-Montrachet特級園以及Puligny-Montrachet le Clavoillon一級園分幾批裝瓶，以比較不同農法所造成的差異。關於此實驗的品酒會評論曾在《法國葡萄酒月刊》刊載[19]。不過對我來說，更重要的是每當我盲飲這些酒款時（在不知何者是生物動力法葡萄酒的情況下），初入嘴，我就可以感應到各酒款在我腦海中形成的整體形象。藉此，我幾乎可以確定哪些是釀自生物動力法。然而，之後每當我試圖以理智嚴謹的品酒方法分析不同的香氣與結構，以判斷此酒釀自何種農法時，我便開始茫然，且一半都猜錯。

結論：在感官品嘗上，生物動力法葡萄酒常具有慣行農法葡萄酒所沒有的特質，因此幫我們在品酒上開拓了嶄新且令人興奮的層面。

19相關的品飲比較首先於一九九〇年代在《法國葡萄酒月刊》登載；之後在二〇〇九年四月號的第五三〇期上再次出現。

Q23 酒評家如何評斷生物動力法葡萄酒？

我先前已經強調過不要採取標準化的品酒方式，而應以全身去感覺（參見Q20）。我也強調應該備妥品酒條件，好讓葡萄酒與品酒人之間的關係得以建立。然而，在職業酒評人的品酒場合裡，完善的品酒條件常常並不齊備。

從前，撰寫葡萄酒的記者常會到酒莊拜訪酒農，並同時寫下品酒筆記。趁此機會，他們得以對釀造者的個性、農事與釀造，以及相關歷史有深入理解。今日，愈來愈少記者願意花時間造訪，尤其是那些為愛酒人出版年度購酒指南的記者。由於優良的釀造者「與年俱增」，也使得親自訪莊的任務愈顯吃重，以此角度來看，這種趨勢不難以理解。許多記者寧願請各產區職業工會安排樣品以進行品試，這些葡萄酒樣品常在實驗室、會議室，甚至是飯店房間裡，被快速地品評完畢。在這種品酒馬拉松的場合裡，有時一天下來的品飲數量可高達一百至兩百瓶。

在這樣的場合裡，標準化的品酒大概是唯一可行的方式。更別提許多記者更進一步將品酒的感覺濃縮成為數字：英語系國家以百分制評分，如羅伯・帕克（Robert Parker）或《Wine Spectator》雜誌，法國則以總分十或二十分評比。然而，如此的評比未免太粗蠻！尤其不適合生物動力法葡萄酒。

此外，這樣的品酒場合通常以「盲飲」方式進行，購酒指南的出版者希望藉由酒評家神聖不可侵犯的客觀性，當作對潛在購書者的行銷論據。盲飲被認為是較公正的品評方式，因為酒評人在未受到酒標的影響下，各款酒皆在同樣的條件接受品測。我認為這種觀念大錯特錯，相反地，我認為盲飲常常導致不公。要求不同的葡萄酒在同時間都處於相同的發展階段，這實在「強酒所難」。有些酒就是釀來早飲，另一些則須經過瓶中熟成。

如果記者手邊沒有可參考的基礎資訊，如酒種、培養期間、裝瓶日期（尤其是剛剛裝瓶者），以上的擔憂必然會被忽視。當然，如果記者直接訪莊，以上資訊都唾手可得。此外，我認為所有優秀的酒評人都應該善加使用酒標提供的資訊，並且不致因此產生先入為主的偏見。任何嚴謹的酒評家都不會因為某酒的知名度，而任意瞎扯它可能不具有的優越酒質，不是嗎？假使我是酒評人，我反而會對一款名釀的要求更高，因為消費者的期待與酒價也都更高，所以須更加嚴謹。

盲飲唯一的好處在於對酒的風味本身之探索。一如在最佳侍酒師競賽中，試著辨認出產區名、年份或是釀酒者，這的確是一項令人著迷的遊戲。又或者，無關乎比賽與遊戲，盲飲也是一項自我內省的過程。

「葡萄酒就是我們的品味導師：它除了教導我們專注內在，也解放我們的精神，啟蒙我們的智慧。」[20]

保羅．克羅代爾（Paul Claudel）

如果這樣的風味探索令你入迷，那我只剩一個建議供您參考：請試試「完全盲飲」。即是在完全黑暗或者矇起雙眼的情況下品酒。遮蓋視覺之後，您才會發現視覺對我們大腦的強大影響力。

何時可以見到矇起雙眼品評的葡萄酒購買指南呢？還是乾脆完全放棄專制且標準化的分數評比呢？

---

20 這句話是保羅·克羅代爾在一九三五年五月二號的「布魯塞爾國際博覽會」開幕典禮致詞所說，同年五月五號出現在《費加洛報》的〈葡萄酒讚頌〉報導中；同樣的文字在一九四九年由巴黎 Gallimard 所出版的《Accompagnements》一書中的〈Éloge du vin, discours à l'Exposition de Bruxelles, 1935〉再次出現。

Q24 有的有機葡萄酒酒質差勁嗎？

我常常聽到這樣的說法：長久以來，有機葡萄酒被認為酒質不若其他葡萄酒，有些甚至難以入口，這也是造成飲酒人對有機酒懷有不良印象的原因。依我年紀，我無法嘗到老一輩口中的有機酒。在此情形下，要我判斷以上所說是否為真，有些困難；又或者，這是因為當年有機酒的味道在市面上還相當少見難尋，對當時的品味所造成衝擊，更勝於今日。

較為極端的有機葡萄酒的確存在，而在一般現行的標準下，這樣的酒會被視為「有瑕疵」：狀況如聞起來有氧化味、酒色帶濁、微生物致使酒質變異（甚至在瓶中再度發酵）、揮發酸過高（感覺快要變成醋）。然而，我們必須知道在化學釀酒的模式裡，有瑕疵的酒款數量似乎沒有比較少。

不過，真正讓一些酒界專業人士（尤其是記者）惱火的是，我們竟可以輕輕放過一款明顯具有以上瑕疵的葡萄酒，且不加以苛責，單純因為它是一款有機葡萄酒。

如此盲目的現象，讓葡萄酒記者麥可・貝坦（Michel Bettane）大為光火，他甚至稱那些被幾個「大嘴巴的意見領頭羊」牽著走，而盲目跟風、崇尚「布波風」（Bobos，即布爾喬亞波希米亞族）葡萄酒的人為「有機蠢蛋」（Bio-cons），認為這些人毫無判斷力[21]。以上批評可說是極為嚴厲。

怒火中燒的貝坦，忽略了正在轉變的事實：有些品酒者已經開始重新定義個人的品酒標準，將優點與瑕疵分開來看，進一步調整個人品味。總而言之，愛酒人、葡萄酒專賣店人員或是侍酒師對有機酒的喜愛，已形成不可忽視的浪潮，這股力量也支持著追尋原真酒質的有機酒農。這股有機酒浪潮或許有些過度，但相對於長年以來被迫淹沒於以化學手法釀造的「木乃伊酒」大海中的消費者來說，此現象其實有益健康，也是回復到均衡的種植與釀酒環境的先決條件。四個世紀以前，笛卡兒的反對者對他系統性地懷疑所有「先定真實」（vérité préétablie）的激進態度，給予強烈批評。笛卡兒回應道：「一名真正的哲學家，不會對我所提出可以澄清真實的假說有所意見；但他定會對有人想把彎棍弄直，卻不小心把另一頭也給折彎的現象大感驚訝，因哲學家並沒忘記，太多人認假為真。」[22]因此，消費者對於一款酒的賞析重新轉向個人化，由各人自行決定好惡，自行判斷是否滿足某酒的表現，是否喝來身心舒暢。

21 麥可．貝坦在二〇〇八年由Édition Minerva出版的《Guide Bettane et Dessuave》購酒指南第三十二頁中的〈不當有機蠢蛋！〉文章中說：「我不要酒中有應發酵卻未發酵的糖分、不要不穩定且混濁的酒色、不要不乾淨的味道，不要給我已經死亡的氧化白酒；但餐廳人員卻只說他們已經處理掉那些壞掉的酒了。在為數眾多的餐飲從業人員的盲從面前，我們只能目瞪口呆，現在的酒單只有這樣的酒，枉費他們在做菜上的用心，如果餐盤裡的食物像酒一樣有瑕疵，最該道歉的當然是餐廳老闆。那些建議餐廳酒單的專賣店人員以及葡萄酒仲介只依政治正確的氛圍行事，記者也只會附庸風雅粉飾問題，完全不管杯中喝的是什麼，那些腦袋不正常的知識分子只憑幻想就要來改造世界？」

22 文句引自笛卡兒所著《形上學沉思》書中的〈Réponses aux cinquièmes objections〉章節。

我必須承認，曾經有段期間，我在品嘗一些極端的有機葡萄酒時獲得不少樂趣，尤其滿足了我的好奇心。今日，我可以很坦然地接受某些瑕疵，尤其是香氣方面，前提是我可察覺背後有真實的東西：像是可以向我傳達情緒的特殊個性、活力與能量。

接下來，由我反問愛酒的讀者一個問題：飲用葡萄酒時，您所追求的真正樂趣是什麼呢？難道真是在尋找一款幾近完美、毫無瑕疵（但可能無趣）的葡萄酒？或者相反地，真正的樂趣來自遇見一款真實無偽的葡萄酒？在我們這個事事追求完美的社會裡，最反諷的例子莫過於雜誌裡經過精心修圖的模特兒照片。其實《驢皮公主》（*Peau d'Âne*）的故事便以常民智慧告訴我們，不完美的外表下可能潛藏著美麗的邂逅，只要我們願意費心探索。也許，在每瓶不甚完美的有機葡萄酒裡，都潛藏著一位公主呢？

Q25 生物動力法葡萄酒常常難以捉摸？

如前所述（參見Q18），我確信一般而言，生物動力法葡萄酒比慣行農法葡萄酒更具生命力，也因此更為敏感。我所指的敏感，是它對外界影響（如季節、天候、月亮節律、地點與人等等）的感受性更強。

敏感度高是優點還是缺點？較為敏感，就表示較為脆弱？我再次重申，這得由各人評斷。雖然長久以來，法國的社會氛圍不認為敏感是件好事，然而對我來說，敏銳易感是項極大的優點，身為人是如此，對葡萄酒來說也是一樣。

在此，我們將針對敏感性更深入探討。通常，當我們說到一個人的個性難以捉摸，尤其討論的對象是女性時，我們常常馬上會聯想到月亮（lune）與月亮節律。我們不是也常說某人脾氣古怪（lunatique）？月亮的週期節律對葡萄酒的影響是什麼？這問題讓我特別聯想到，當二〇〇七年份的酒還在Domaine Leflavie的酒窖進行培養時，我因釀酒所須而進行酒質試飲；那時，我幾乎每天都和不同的訪莊客戶一起品飲尚在酒槽的酒，有時甚至一日兩次。每次品飲時，我也同時查閱《種植農曆》，以比較不同的品飲印象。這樣的品嘗經驗特別有意思，因為酒還在釀酒槽中，酒質特別活潑而放鬆，一旦裝入狹隘的瓶中，就非如此。此外，每天都試同一酒槽中的酒（容量超過兩千公升），準確度也比開一瓶酒試飲還要高，因為後者在接觸空氣幾天後，酒質會很快轉變。即便再開另一瓶同樣的酒，也會有「單瓶差異」的情況產生。

我在前面章節曾提過（參見Q9），生物動力法描述月亮影響力的方法之一是藉由四種日子表述，即果日、根日、花日與葉日。這四種日子又對應到黃道十二宮所屬的四個象限（火象、土象、風象、水象），觀察月亮此時走到哪個象限，便可依此決定某農作物當下最適合進行的農事。此《種植農曆》是根據德國生物動力法學者瑪莉亞・圖恩與子瑪迪亞斯・圖恩的研究為基礎[23]。依據同樣的研究基礎，曾出版一本以英文寫成，教人看「日子」喝酒的小冊[24]，甚至最近還出現了可以在iPhone上購買的「看日喝酒」的應用程式，叫做「今夜喝葡萄酒嗎？」（Wine tonight?）；可在其中查到哪些是適合喝酒的「果日」或「花日」，哪些是最好避免的「根日」與「葉日」。以上的法則有些過於簡化，以下則是我個人的觀察體驗。首先，《種植農曆》上的日子不總是對品酒產生明顯影響；但每當我覺得有明顯影響產生時，再回去對照這份種植農曆，則「看日喝酒」之說不假。

23《種植農曆》每年由生物動力農法運動（Mouvement de culture biodynamique）組織印行。

24 此小書為《葡萄酒在什麼時候嚐起來最棒：愛酒人的生物動力日曆》（*When wine tastes best: a biodynamic calendar for wine lovers*），Editions Floris Books 出版。

＊果日（Jour Fruit）：種植葡萄樹的目的就在取其果實，故果日對於葡萄樹的農事、酒窖的釀酒工作與品酒都有所助益。果日的酒質通常有不錯的表現，香氣開放，口中的和諧度也佳。

＊根日（Jour Racine）：根日通常較為不利，因為酒質的表現會較為退縮，香氣顯得閉鎖，鼻息較不明顯。入口，同樣會顯得較為封閉，只有架構比較鮮明，整體因而偏向嚴肅、緊縮不開。但對於架構良好，且具有風土特性的葡萄酒，根日品酒有其優點：酒的礦物質風味會更為突顯。

＊花日（Jour Fleur）：花日的葡萄酒通常表現良好，故有益於品嘗，有時氣息比果日更加開放。然而，必須小心的是，我注意到花日會增強所有輕飄與揮發性的特質：酒香雖更為鮮明，但酒精感與揮發酸（讓人聯想到醋的刺鼻氣息）也會同時被擴大，尤其對於強勁豐厚、濃郁的甜酒或曾在橡木桶經過長期培養的酒，花日並非最佳品酒日。

＊葉日（Jour Feuille）：葉日通常不利於葡萄酒品嘗（甚至應完全避免），因為此只突顯了酒中氣味與架構裡較不令人愉悅的面向。植蔬成為主要的調性：不太優雅的植蔬性鼻息之外，酸度也顯得更為尖酸，整體令人覺得成熟度欠佳。對於強勁但欠缺酸度的葡萄酒，葉日會帶來苦韻，若是紅酒可能會有單寧硬澀之感。

上述月亮所帶來的四種日子的影響，每階段通常維持二至三天，我還發現這些影響具有累積性：例如，「花日」階段中最後兩天的影響力，明顯大於此階段開始時的前幾小時；我們有時會感覺，前一階段的影響力甚至延續至後一階段。

對於月亮影響力的觀察，的確很容易引人入勝，但也不要過於著迷。想要舉辦一場成功的品酒會，月的影響只是環境中諸多要注意的元素之一：諸如侍酒溫度、品酒現場當時的氛圍、搭配的菜色、與會人士的品味、酒的風土特色、酒的年份印記等等都應列入考慮。

與其辨別某日是飲酒的好日或壞日，不如留心各種元素間的微妙互動。這也是一名偉大侍酒師的侍酒藝術之所在。以普里尼—蒙哈榭產區的白酒為例，二〇〇六年份的酒質強勁、飽滿、個性外顯，酸度不高，在「根日」飲用其實相當好。相反地，如正好臨到「花日」，則我會建議客人品嘗二〇〇七年份：這是個寒涼年份，具有良好張力以及可口的礦物質風味，但在年輕時稍微較封閉一些。

生物動力法葡萄酒就是因為具有上述的敏感性，才得以令人入迷，然而這點在現代以化學手法釀造的葡萄酒中已不復存在。其實這樣的敏感性格，一直以來都存在於葡萄酒中。例如，品酒人暨知名葡萄酒專賣店擁有人布魯諾．昆紐，曾告訴我演員尚．卡米特（Jean Carmet）對於羅亞爾河的偉大酒農查爾斯．卓格（Charles Joguet）的一段評論：

「每當那位不請自來者出現時，就有幾瓶酒會突然消失，那人離開時，這些酒又突然現身；真是酒如其人，酒在人在呀！」

Q26 生物動力法葡萄酒比較昂貴嗎？

許多人都認為實行生物動力法所帶來的某些限制，讓生物動力法葡萄酒相較於其他葡萄酒，酒價更為昂貴。然而，事實比我們想像的更為複雜，我想在此做一些澄清，讓愛酒人以及因為怕成本提高而遲遲不敢轉作生物動力法的釀造者有進一步了解。

讓我們先檢視一下葡萄樹種植所需的費用。可以確定的是，施行生物動力法通常會增加工時，因此人事費用也會跟著提高。當然我這裡指的是酒農須花時間細心完成的一些農事：如翻土（也可使用馬匹）、「綠色農事」（像是修剪芽苞、綁枝）以及手工採收；然而更重要的是與生物動力法相關的一些農事：如生物動力法配方的動力攪拌及噴灑、剪枝療傷塗漿、植物療飲與特殊糞肥的製作與施用、遵守月亮節律、對葡萄樹的親身仔細觀察。第一類的農事會花費掉許多時間，但主要與酒農自身的要求程度有關，與生物動力法本身無太大關聯。第二類與生物動力法相關的農事所須投資的時間並不大量（每年每公頃須投入約十至二十小時），不過須在工作程序上做一些調整與適應（配方的噴霧時間，通常在早上或黃昏）。因為不再需要花錢買化學合成農藥，也彌補了很大部分因工作時數增加而產生的費用。事實上，殺蟲劑、除草劑、系統性的殺除真菌藥劑或是其他的抗黴藥，在成本上都比購買單純的銅、硫以及天然植物還要昂貴許多。在春天時野採一袋新鮮的蕁麻不用錢！對我而言，既然成本差不多，我寧願花費較多的人工，少用化學農藥與機具。

想要完整討論生產成本，接下來第二個必須考慮的是產量。短期而言，產量關乎於此農產事業是否能夠賺錢。以生物動力法種植，所需成本其實與慣行農法差不多，每公頃可以生產三千公升（約等於四千瓶）、六千公升

（八千瓶），或九千公升（一萬兩千瓶）；當然三種產量的酒質差別相當大。最終產量取決於酒農的選擇，也同時受法國法定產區法規嚴格管制。然而，不管想達到的產量為何，都能施行生物動力法；認為此農法會讓產量降低的想法也是錯誤的。事實上，生物動力法的某些配方可以增進葡萄藤長勢，產量也會因此上升，有些配方則可以降低產量。在布根地伯恩市一家酒莊工作的釀酒主管，所持看法與我相近，我將他的話引述如下：「相對於慣行農法，施行生物動力法並不會明顯降低產量，生產成本也無顯著上升。」

我在此想順帶說明工業化模式的農業生產，在降低生產成本同時所引發的問題。在我職業生涯的前幾年，我的主要職責是盡量降低生產成本（尤其是工廠作業、原料獲得以及送貨流程方面）。因此，我當時相當於擔任各個工業的工程管理顧問，包括汽車業、製藥業與動物飼料工業。在工業化模式下，降低生產成本（此假說立論於貨幣的稀有性）的主要手段就是製程以及產品的標準化（概念源於二十世紀初汽車工業的「福特主義」）。此種製程的標準化也會擴及至原料上頭，如果原料老是不同，又如何保有穩定且獨特的配方呢？同時，我們務必記得農業原料既然源自生物，當然不會完全同質；生物的本質就是多樣化，絕非標準化。也正是在此本質性的原因之下，工業化模式（藉流程標準化降低成本）的思考邏輯乃是對於生物本體的否認，也無法促成農業的永續發展。對生物本質的否定，很快會將農業捲入一場品質降低的惡性循環，甚至造成反效果：土壤沃性減低導致產量下降、購買化學合成農藥導致成本上揚。

我們對以上負面效果的累積總是後知後覺，還天真地以為如此能對生產流程以及產量有正面效益。此外，將田間的樹籬毀除只為將種植園區連成更大一片，不僅會破壞生物多樣性（尤其是鳥類與昆蟲），還會造成土質乾旱的風險，因為組成樹籬的大樹與灌木的深層根系，對於地下水層的再度補充扮演關鍵性的角色；最後，黏土流失也會造成土壤被快速沖刷。最後這一點非常重要，因為過去十幾年來土壤沃性逐漸減弱，未來十至二十年間，產量很可能有顯著的降低。

另外，對於農作物的標準化其實就是對於風土本身的否定。我們常將風土概念與葡萄藤連結，但其實小麥、玉米、蘆筍、胡蘿蔔也各有其風土。在標準化動物飼料工業的施壓下，阿爾薩斯竟發生玉米生產常規化的離譜現象。種植玉米需要大量水分，但阿爾薩斯因為有孚日山脈屏障致使降雨量相當低（阿爾薩斯中部城市 Colmar 的雨量和南部蒙佩利耶市差不多），使得乾旱問題益形嚴重。

幸運的是，葡萄樹種植避開了常規化浪潮的侵襲，並藉由風土的多元產出相當多樣的葡萄酒。

讓我們回到葡萄酒的價格議題上。除了成本，許多葡萄酒的售價也與品質有關（不管這酒質是真有其事，還是幻想的）。對於買酒人而言，葡萄酒的形象包括了幾項要素：品質、歷史、稀有性以及現下流行等等。在葡萄的種植與釀酒上，一家酒莊或是法定產區是否能賺錢，關鍵較不在於無所不用其極地降低生產成本，而在於消費者對這些酒的品質與形象認同。就此來說，我「千萬個願意」買瓶由提耶里・瓦萊特（Thierry Valette）所釀的優秀 Clos Puy Arnaud：以生物動力法種植與釀造，來自絕佳海星石灰岩地塊，其酒質優雅迷人，飲來令人感動（法定產區為Côte-de-Castillon）；然而我並不願意購買Clos Puy Arnaud鄰居的幾家聖愛美濃列級酒莊酒品，因為空有其名且售價貴兩倍。當然這是我的個人意見。

至於售價的部分，我在情感上有些自我矛盾。一方面，我希望生物動力法能夠更平民化地擴及所有葡萄酒，因為先撇開風味不論，生物動力法本意就是提高食物的品質，所有的人都該有機會享用。另一方面，我冀望生物動力法葡萄酒能獲得消費者的認可，且能夠優先選擇購買，然而，酒價卻也可能因而提高。

結論：生物動力法不是專屬有錢人的農法，並且市場上也可以找到價格廉宜的生物動力法葡萄酒。在我隔壁村的帝迪耶・蒙榭凡（Didier Montchovet）釀有一款優秀的Bourgogne grand ordinaire紅酒，一瓶僅要價五歐元。另外在羅亞爾河谷地的蓋・博薩（Guy Bossard）釀的Muscadet白酒（施行生物動力法，以馬匹翻土）酒質絕佳、儲存潛力也優，每瓶十歐有找。對於擁有絕佳風土，且以追求極致酒質為目標的酒農來說，施行生物動力法可助其一臂之力。既然酒質提高了，當然也引起愛酒人的企求，這些好酒的價值也將隨之彰顯。

第四章

生物動力法的歷史與哲學背景

通常在介紹一個主題時，會先解釋相關的背景。但以生物動力法來說，我故意將背景放在最後闡述，好將愛酒人最急切想要知道的實用資訊，藉著提問的方式置前說明。第四章（也是最後一章）則是寫給想要進一步了解生物動力法本身的讀者。這章的內容與葡萄樹以及酒本身的相關性較少，主要希望讓讀者對於生物本身、看待世界的觀點與哲學有深一層的理解。

某些較先進的觀點或是假說可能讓您備感驚訝或驚嚇，然而在此提出討論，也可讓我們將生物動力法置於一個更大的概念中重新審視，同時更清楚地理解其邏輯所在。

Q27 誰是魯道夫．史坦勒？

魯道夫．史坦勒是德國籍的唯靈論哲學家，一八六一年二月二十五日出生於克羅埃西亞的克拉列維察村（Kraljevec，當時屬於奧匈帝國的一部分）。他父親是鐵路局員工。史坦勒出生於奧地利，曾在維也納高等技術學院研讀科學（數學、化學與自然史等等）四年。由於對哲學有莫大的興趣（尤其是康德與歌德），後來乾脆放棄科學，全心投入哲學研究。最早的研究工作是將歌德對於科學著作的評論進行編輯與彙整。史坦勒後來移居德國，先是住在威瑪（Weimar），後來搬到柏林，隨後獲得羅斯托克市自由大學（University of Rostock）的哲學博士文憑。自一九〇〇年起，他開始與神智學協會（Société théosophique）[25]靠近，在哪裡他不僅認識協會總裁安妮・畢珊德（Annie Besant），也遇見了未來的妻子瑪莉・馮・席菲斯（Marie von Sievers）。一九〇二年，他成為神智學協會德國分處的祕書長，後來在一九一三年離開，之後自創人智學協會（Société anthroposophique）。人智學協會設於瑞士的杜納赫（Dornach，離巴塞爾市不遠），宗旨在於發展與傳布人智學的哲學思想。

之後，史坦勒將其餘生貢獻在把人智學運用在人類生活的不同實際層面（包括藝術、建築、教育、醫學、宗教、政治、經濟以及農業），並注入新思想。他曾講授過許多課程，也主講過將近六千場的專題講座。他所注入的改革精神，在教育的領域裡最鮮明易見，顯例是他所創的華德福學校（Écoles Steiner-Waldorf）：「一九一八至一九一九年間，戰敗的德國瀰漫著一股改革氣氛，提供了史坦勒在一所新學校裡施行教育理念的契機。一九一九年九月七號，史坦勒隆重地為兩百五十六位新生舉行開學典禮；學生家長主要是替德國斯圖加特市 Waldorf-Astoria 香菸廠工作的勞工父母；此為第一所實施華德福自由教育的學校，其中包含小學以及中學教育[26]。」

一九二四年六月，史坦勒開始以主題「給農耕者的課程」（Cours aux agriculteurs），在波蘭的格別烏茲（Koberwitz）村進行了八場專題講座，生物動力農法於焉誕生。史坦勒隨後於一九二五年三月三十號去世。

---

25 神智學協會由海倫娜・布拉瓦斯基（Helena Blavatsky）成立於一八七五年，協會名稱取自古希臘羅馬時期作家曾用過的術語。該協會與印度的淵源頗深，在神智學運動的初期階段，就將西方以及印度的唯靈論哲學統整於一。現代神智學的野心則在於重新喚起唯靈論的復興，實踐手段類似於其他宗教，欲將教義專注在宇宙真理的核心。該會的座右銘是：「真理高於所有宗教」。

26 源自海納・烏里克（Heiner Ullrich）教授所著文章（出自聯合國教科文組織國際教育辦公室，二〇〇〇年）。

Q28 什麼是「人智學」？

雖然此書的目的不在介紹何謂「人智學」（Anthroposophie），但我認為仍須提供讀者一些相關的背景知識。藉此，讀者可以更容易地明白生物動力法的形成背景與農法邏輯。

按照字源來看，魯道夫．史坦勒選擇了兩個希臘字來組成人智學：Anthrôpos（人）以及Sophia（智慧）。因此人智學乃是以人為核心的哲學，或說是以人為本來解釋世界的哲學。讀者應該還記得，當史坦勒離開神智學協會不久後，便創設了人智學協會：此時的重心已經由「神」轉為「人」。

《羅伯專有名詞通用大辭典》（*Dictionnaire universel des noms propres Le Robert*）對人智學的定義如下：

「人智學為由魯道夫．史坦勒所發展出來的學說。史坦勒受哲學家歌德的思想影響至深，人智學希望成為『可將人的心靈引導至宇宙精神的認識之道』。由此，我們可以超越現代科學專注的技術、物質以及毀滅性的特質；自康德以降的現代科學拒絕承認人的真實存在。人智學則可讓我們增進對人的特質之理解，藉此，人在宇宙中才有其生存真義。人智學可以擴大並深化我們對於社會、教育以及醫療的看法。」

具體而言，以上到底是什麼意思？

史坦勒學說的首要重點：生物不單只是我們一般以為的物質。生物是由某種形式的能量所帶動的物質。因此能量在一顆石頭、一株植物以及一隻動物之間，產生了區別（史坦勒也將礦物視為生物）。因為生物不僅由物質法則（化學與物理等）所支配，生物還能綿延後代。然而生物所具有的這種能量，卻無法為我們肉眼所見。

以上又帶出其學說的第二個重點：我們以五官感知並且以唯物科學所描述的感官世界（或稱物質世界），並非唯一。同時存在史坦勒所稱的超感官世界（或稱靈性世界），它無法以感官直接觸及，只能以尚待發展的科學來描繪：即靈性科學（Science spirituelle）。這也是他一九一〇年的著作所探討的主題：神祕學（La Science de l'Occulte）。對史坦勒來說，雖然這超感官世界長期以來被認為屬於信仰、宗教或其他無可名之的領域。然而，他認為其所身處的時代，已然經過啟蒙時代以及理性高度發展的洗禮，人類應該向下一個新的階段邁進。每個人都應該採取主動，朝超感官世界靠近，而不應把主動權交付給神父、法師或教條詮釋。至少以此點而言，史坦勒與笛卡兒的觀點相同：每人都可以且應該依其理性判斷，不應盲從大師所言，不管其權威多大。

史坦勒所著的《神祕學》確立了理解超感官世界的理性方法：「這裡所指的是，在目前的演化階段裡，藉由靈魂可及且適當的方式，試圖對超感官世界投以關注，以明瞭人類在面對命運與超脫生死的生存之謎時，應持有何種態度。這裡所指的不是什麼企圖，而是臻至真理的努力。」[27]史坦勒稱此為靈性科學，之所以名之為科學，乃因他使用了理性與確實的知識步驟。不過，這與只使用概念性思維（左腦領域）的唯物科學仍有不同，史坦勒強調「想像」與「靈感」（右腦領域）的重要性。與其展現因果關係以茲證明，他希望人人都以內在體驗來獲致真理。史坦勒用以探求真理的工具即是人之本身，人智學於是應運而生。

27 引自史坦勒所著的《神祕學》第四版前言（第二十一頁），Édition Triades Poche 於二〇〇五年出版。

Q29 在生物動力法誕生時期，歐洲農業的景況如何？

我常聽到「過去五十年來農業所造成的危害」之類的觀點。不過，其實問題要溯及更早之前，雖然過去幾十年來，惡化情況的確更加快速且全面。部分人士在一九二〇年代就已經意識到問題的嚴重性。舉例來說，有些農耕者在觀察到現代農業技術所帶來的負面後果，便跑去找史坦勒尋求建議，農夫希望知道如何停止種子退化，並保留其營養價值？[28] 對史坦勒來說，問題的根源其實很明確，他在一九二四年寫道：「過去幾十年來，我們能看到農業的作法導致農產品品質退化，這些農產更成為人類的食物，且品質衰退地極為快速。」[29]

第一次世界大戰結束後不久，軍火工廠經過改裝生產兩大類產品，並大規模投入農業，這兩類產品即是硝酸銨（礦物鹽肥料）與有機磷農藥（戰爭用的神經毒氣衍生物，可製成強效殺蟲劑）。以象徵性的角度視之，我們會驚愕地發現大家所用的農藥竟然幾乎全出自以擴大死亡率的軍事研究！

此種趨勢的緣由要再往上一個世紀尋找，根源時期是農業革命以及繼之發生的工業革命。在此論題下，葡萄樹種植史實具有象徵性意義，因為葡萄樹種植相關病害的病理學原則就是自十九世紀中起確立的。在此之前，種植葡萄以釀酒，並不需要外購農藥。隨此農業革命興起的新技術與新發明，竟然讓我們在幾十年後受到新的農業病害所侵擾。難道，其中不存在某種因果關係嗎？

28 菲弗（Ehrenfried Pfeiffer）醫師對於「給農耕者的課程」的研討會後記。

29 出自一九二四年 Éditions anthroposophiques romandes 所出版，由史坦勒所著的《農業：生物動力法的靈性基礎》一書。

＊幾個關鍵年份

- 一八四七年：粉孢菌首次出現在法國（顯然傳自北美洲）。
- 一八六三年：葡萄根瘤芽蟲病首次出現於法國（也傳自北美洲）。二十年不到的時間，長達千年歷史的法國葡萄園幾乎全數被摧毀。
- 一八七八年：霜黴病首次在法國現蹤（依然傳自北美洲）。時至今日，粉孢菌以及霜黴病是酒農最害怕的兩種病害。一個半世紀以來，以化學農藥對抗病害的成果，很難令人信服。

接著讓我們看一個更深層的問題：除了新技術以及在田園間工作的人力大幅縮減之外，農業革命與工業革命還對農民的思想以及身分的轉換產生巨大而深沉的改變。在此時期，我們觀察到「農民的工作與生活智慧」的消失，取而代之的則是唯物科學的進步。順此議題，我要舉一個讓我深受感動的例子：法蘭克斯．布雪是法國第一位針對葡萄樹種植的生物動力法顧問，他談到其在一九五〇年代剛剛身為酒農以及當時的農事傳統時說：「當時的農夫跟我說：『我一向這麼做，但我不會解釋，您有上過學，您知道的比我還多』，農民的謙卑讓我深受感動，因此我開始盡力保存已然失去的農民智慧」，布雪接著又說：「與我們的想像不同，他們毫無環保的概念，不知道正在毒害大自然，並且正在毒害自己。這讓我感覺異常痛苦，因為沒有人告知他們相關資訊。他們施用化肥，因為『那些有知識的人』告訴他們這樣做。對於這些新作法，他們雖然心存遲疑，卻不知如何表達。」

史坦勒「給農耕者的課程」研討會內容的最後幾頁，提出了以下反思：「如果今日還能給學者一些什麼樣的常民智慧，那必定是所謂的『農民幹的那些蠢事』：我們努力所欲達成的目標，就是在科學裡滲入一點『農民幹的那些蠢事』。」

Q30 生物動力法的字面意義為何？

當魯道夫・史坦勒在一九二四年以「給農耕者的課程」為題舉行研討會時，他並未使用「生物動力法」一詞，甚至直到一九二五年他去世之前，應該都未曾使用：也就是說，生物動力法是他辭世之後才出現的名詞。史坦勒在格別烏茲村舉行多場專題講座後，「給農耕者的課程」的文字內容其實極少流傳，此因史坦勒本人希望在幾年之內，課程內容維持低調、不要過度宣揚；他希望用幾年時間實踐其所創的新原則，並期待獲取讓人信服的成果。實際上，只有信奉人智學且參與格別烏茲課程的一小群農民，得以在與「歌德堂」的科學部門合作下，實驗與實踐。這個小圈子的組成分子全是農民，因為史坦勒認為人智學應該運用在農業的實際層面，而非停留在哲學層次。他認為「我們的舉措之所以成功，是因我們的實踐情況不但嚴謹，而且實行次數極多；然而，當時此課程的內容仍屬於參與實驗的一小群農民的心靈財產。事實上，當時也有些人對農業生產有興趣，但因非職業農民，所以未獲准加入這個小圈子。部分實驗必須進行長達四年的追蹤；在此期間內，於格別烏茲實作後所得的實際農法建議，不會傳出農業界之外，因為這不是拿來說嘴用的，而是實際運用在生活上」。

研討會的文字內容後來被編纂成為文集，書名原本是《有機施肥》（*Fertilisation biologique*），即是如何在尊重生物原則的前提下滋養土壤。一九三〇年左右，本書經過重新編輯後，書名改為《有機與動力農法》（*Agriculture biologique et dynamique*），此版本強調了此農法的最大貢獻：農法必須明瞭並且融入自然的力量，讓均衡的狀態協助植蔬以及動物的健康生長（農法中的 dynamique 一字來自希臘文的 dunamis，意即力量）。隨後不久，「有機與動力農法」就被縮寫為「生物動力法」（Agriculture biodynamique）。

生物動力法當初是在史坦勒的推動下而建立，其過世之後，當初的合作夥伴以及後繼者也藉由一系列的研究與實驗補充了學說的初始樣貌。關於這點，稍後還會談到（參見Q31），史坦勒對於此農法的實際貢獻，則在於制定了與有機糞肥配合作用的一系列生物動力法配方。這些配方的作用在於重新激發宇宙的力量，然而在現代農業的破壞下，多數土壤以及植物的宇宙力量已被切斷。史坦勒還教授了一些其實不太常用到的技巧：像是焚燒野生植物、有害的昆蟲與動物成灰燼以進行蟲害調節。接續史坦勒的研究者當中，菲弗醫師以「高敏度晶體成像」技術檢視施行生物動力法前後的農作物品質差別。瑪莉亞‧圖恩的研究工作則對於宇宙力量之影響的相關理解做出重大貢獻，也促成知名的《種植農曆》之印行；她還制定了被稱為「瑪莉亞‧圖恩堆肥」（Compost de bouse M.T.）的新配方；同樣作出貢獻的還有澳洲生物動力法學者亞歷克斯‧普多林斯基（Alex Podolinsky）所制定的五〇〇P新配方。

Q31 「給農耕者的課程」到底教了些什麼？

史坦勒在一九二四年六月七日至十六日於波蘭格別烏茲村以「給農耕者的課程」為題舉行八場專題演講，講題內容的手抄速記後來被編纂成冊。此版本書籍內容還包括會後的「提問與回應」，以及史坦勒六月二十日回到瑞士杜納赫後所寫的演講內容重點整理。因此，此書不是經過專業編輯且內容完整的農法手冊。在閱讀此書時，要將這點謹記在心，保持一絲批判心態。史坦勒還為此撰寫一小篇註解，提醒讀者：「這本書所印行的內容，原來的目的屬於口語傳播，而非為寫書發行而準備。另外須注意的是，對於未經我本人審校的手抄文字，可能會有誤抄的情形產生。」

由於若要將史坦勒八場演講的內容全部整理出來並加以解釋，可能需要一本書的篇幅才有可能，因此，以下我僅將講座的重點思想整理出來，供大家參考。

＊第一場專題演講重點整理

根據史坦勒的說法，因為唯物科學的論證方式無所不在，使得農業進入一條「此路不通」的死胡同，不但致使農夫失去直覺本能，也讓化肥與工業化手段普及化。若以人智學的靈性科學角度切入，則可擴大我們的思想，並重視植物、動物以及土壤之生命。挽救的首要步驟，是重新賦予宇宙對於農作物影響之重要性。事實上，太陽、月亮、行星以及遙遠的星星對所有生物都具影響力。雖然人類部分自絕於此種影響關係，但植物受到的影響仍十分強烈。因此，植物是依據宇宙力場來生長的，雖無法以感官察覺，卻真實存在。史坦勒以會影響指南針轉向的磁場來比喻：「僅僅看著指針本身，而想找尋為何它會如此奇特地轉向的原因」，這樣的方式無助於理解其運作機制。相反地，我們必須擴大視野，透過整體地球的磁場影響力來理解。

我們也必須改變我們看待地質的角度，以及它影響生物的方式。史坦勒解釋說，宇宙與地球的力量之所以能夠擴散以及傳導至植物身上，是透過兩種極性相對的礦物質：矽石與石灰。石灰關乎生長力與繁殖力。相反地，矽石占地殼超過四分之一的成分，是遙遠宇宙力量的載體：矽石象徵結構與限制。經過訓練，我們可以藉由某種植物的形狀與顏色，來觀察以上兩種極性相對比例之展現。藉由黏土這個中介物質，便可促進這兩種相對極力的交流。這正是史坦勒最愛談的「三元論」（Tripartition）：兩極與一個中介。在他所有的著作裡，無論探討主題是健康、經濟或教育，都能發現此三元概念。關於此，我便不在此贅述。

＊第二場專題演講重點整理

史坦勒再次提到矽石和石灰扮演的角色，以及兩者與行星和宇宙力量的關係。他提出兩個根本的概念。第一個概念與「農業個體」或是「農業有機體」的觀念有關：他認為地球，尤其是農莊，有如一個自主的有機體，且應該「試著成為一個自給自足的個體」。換言之，「健全的農莊應該要能在其土地上產出它所需要的所有東西」。要達此目標，在農莊裡豢養動物對於保持此種均衡極為重要，因其糞肥可以肥沃農莊的土壤，後者又滋養出可以飼養動物的植物。第二個概念關於萌芽階段，此時植物對於宇宙力量的接受性最強。發芽時，種子內會產生一種微型的混沌狀態，而當下的宇宙力量就會在未來的植株裡留下印記。生物動力法的動力攪拌也有此作用，即創造一種節律的混沌。動力攪拌對於不以種子發芽來延續後代的植物尤其有用（例如現代的葡萄樹種植），因藉由動力攪拌，有利其與宇宙的重新連結（參見Q12）。

*第三場專題演講重點整理

史坦勒在第三場幫大家了一堂生化課，但是是經由靈性科學的角度切入。他帶大家重新檢視幾個主要的原子元素（碳、氮、氧、氫、硫），並闡述它們各自對於生命體所扮演的角色。碳，是形成有機物質世界結構的基石，也是物質在靈性（概念的世界）體現過程的支撐。硫，則是碳的「雕刻家」與「建築師」。氧可以活化碳，並對其注入「醚的力量」（植物生長所依存的力量）。氮是星宿力量（使動物與植物之間產生差別的力量）的載體。重量最輕的氫，則扮演中介的角色。相關論題，我先不在此贅述，重點在於這些觀點為農業學帶來新視角，讓我們省思現下農業作法的是與非。

*第四場專題演講重點整理

第四場講的是肥料管理。史坦勒指出慣行農法只著重肥料元素的數量，但這並不夠。施肥的重點，在於成功藉由植物來補償先前土壤已然失去的生命力，並讓這些生命力在採收時傳達至待採集的部分。然而，礦物鹽肥料並不具備生命力。根據定義，礦物質並非生命體，因此絕無辦法提高土壤的生命力。只有有機肥料（植物性或動物性）能夠帶來生命力。因此，必須極為小心糞肥的製作方式，以保存生命力的最大值。

接著，史坦勒給出生物動力法兩種配方的製作方式，藉此補足糞肥的作用，也同時讓第一場演講所提到的兩種互補力量產生作用。配方之一可以激發生長力，配方之二則屬於結構化的力量。第一種是「配方五〇〇號」（早期稱牛角糞肥）：是種置於牛角裡製作的微型牛糞糞肥，將其埋在土壤裡一段時間後，挖出並加以動力攪拌。第二種是「配方五〇一號」（早期稱牛角矽石）：是將矽石磨成粉後，填入牛角內，之後的作法與「配方五〇〇號」相似。

*第五場專題演講重點整理

在第五場的演講裡，史坦勒藉著解釋堆肥的製作方式，來補足肥料管理的議題。他給了一張其他六種生物動力法配方的製作方法，以在之後將這些配方混到堆肥裡使用，目的是激發主要礦物質相關的能量。這裡的重點不僅是將六種配方混到堆肥裡頭，重點在於帶給堆肥生命能量。六種配方簡介如下。「配方五〇二號」：以西洋蓍草增進堆肥的鉀能量。「配方五〇三號」：

以洋甘菊增進堆肥的鈣能量。「配方五〇四號」：以蕁麻提高堆肥的鐵能量。「配方五〇五號」：橡木樹皮同樣可增進堆肥的鈣能量。「配方五〇六號」：以蒲公英加強堆肥的矽能量。「配方五〇七號」：以纈草強化堆肥的磷能量。

＊第六場專題演講重點整理

在這場演講裡，史坦勒針對農業遇上的困難（如植物的生命與疾病、植物或動物身上的寄生蟲）進行更進一步的研討。根據史坦勒的說法，不同於動物或人類，植物不可能突然自己生病。植物的病徵其實只是反映身處環境的失衡。

事實上，植物的生命狀態取決於外界的影響，而影響最大者就是第一場演講裡所提到的兩種相對卻又互補的力量。第一種是生長及繁衍的力量，來自於地球，但受到月亮很大的影響（尤其是有水分存在時）。第二種是結構、限制與結果的力量（對許多植物而言，結果就等同於停止生長，這也是為何果實具有很強生命力的原因），此種力量受到遙遠星宿（火星、木星、土星）的影響。所種植的作物若要活得健康，就必須在這兩種力量之間求取最佳均衡。例如，在較強的月亮（滿月階段）以及土壤水分過多（剛下過強降雨）的影響下，致使地球的力量過大，則會發生「植物的上部植株變成具有某種土壤的特性，且轉由其他生物予以利用。此時寄生蟲與黴菌就會降臨在植株上」。史坦勒在這裡向聽眾透露生物動力法最主要的論理。

對抗植物多種病蟲害的方式之一，就必須將過多的生長力重新均衡。做法有二：其一是刺激遙遠星宿的限制力量，其二是消耗多餘的生長力量；以後者而言，史坦勒所開的帖子是「木賊植物療飲」。以此種理解病害的角度來看，長期而言，現代以殺除真菌藥劑對抗的方法注定會失敗。

＊第七場專題演講重點整理

第七場演講專注在能量的角度（上述提及的力量均衡）來看生態環境。

史坦勒開宗明義地指出：大自然裡的一切皆有其關聯。同時，要了解一種作物或一塊農地的情形，就必須將其所處或近或遠的環境狀態考慮進去。他還闡明農田、果園、牧地以及森林之間的微妙關係，也解釋了昆蟲、蚯蚓與鳥類等在其中所扮演的角色。舉例來說：鳥類於環境所扮演的角色之一，在於牠參與了天體力量的傳布（尤其指自森林的方向傳至農田）。史坦勒寫道：「大自然底下的萬物各有其分工，比如鳥類與蝶類的作用各異；還有一些傳自天體者，恰如其分地在地表或是空中完美地分工合作。」土壤上的真實，在地下亦是如此，如蚯蚓以及不同的幼蟲。

*第八場專題演講重點整理

最後一場的演講主題為食物的功能：所要談論的除了牲畜的食物之外，最終還論及人類的飲食。同樣地，史坦勒仍以嶄新且非典型的視角看待此議題。

史坦勒首先強調消化即是分解食物的過程。對他來說，此過程就是將食物分為物質與能量兩部分，兩者對於生物有機體各有功用。重要的是食物必須是「活的」，它不僅是物質，還須具有能量，也就是說食物必須含有地球給予的生命力，以及（或是）來自天體星宿的結果能量。

接下來談的是兩種互補的消化程序。第一種程序消化的是地球的食物：由嘴巴進食，進入消化道的食物。此種消化程序一方面供予我們的新陳代謝系統（肌肉與各器官的活動）能量，另一方面提供我們的神經感官系統（大腦、神經）構成物質。第二種程序消化的則是天體的食物：經由我們的皮膚及感官，吸取自周遭空氣中的食物。天體食物可以補地球食物之不足，並且替我們的神經感官系統帶來能量，並且藉由密度強化（densification）的過程，帶給新陳代謝系統構成物質。此觀點與那些自稱可以藉由「光線進食」[30]的概念不謀而合？

在演講最後的結語，史坦勒再次提醒農業的重要性，因它是人類生命的基石。農業不僅決定人類的健康以及身體活動，也關乎個體性與社會性的生活。他以番茄或馬鈴薯被普遍食用的現象舉例：「馬鈴薯也具有獨立的行為樣態，以至於將滲入大腦中，並使其具有獨立性。自從馬鈴薯被引入歐洲後，人類與動物遂變成唯物主義者，原因之一就在於他（牠）們食用過多的馬鈴薯。此種農業與社會生活相互依存的總體關係，具有無與倫比的重要性。」

30 說法來自 Peter Arthur Straubinger 所導的奧地利紀錄片《光線》（*Lumières*），二〇一〇年由 Jupiter production 製作。影片探討幾週、幾年，甚至幾十年在不吃東西也不喝水的情況下，我們還可以存活嗎？

Q32 生物動力法是邪教嗎？

讓我們先從字源探索，Secte（邪教）的拉丁文是Secta，其相關動詞是Sequor、Suivre（追隨），換句話說，Secte有「我們所追隨的道路」的意思。據此，讓我聯想到東方「道」的思想，不管是在武術（劍道、合氣道、柔道或中國功夫等）、藝術（書法）或是茶道裡都有此概念存在。在東方，較強調全人發展（身體、道德、精神）的道路，且必須藉由學習及掌握某種技巧來達成。順此邏輯，生物動力法應該可以被看成是一種「農道」，誰曰不可？

不過在法國目前的氛圍裡，Secte這個字帶有貶義，指的是由盲目信奉晦暗、祕傳、甚至危險言論的個人所組成的團體，也就是邪教。生物動力法當然不是邪教，雖然我完全能體會部分的人對此農法感覺到難以理解，或害怕它將人們帶回蒙昧主義時期；尤其當他們聽到像是「天體力量」或「星宿農民曆」之類的詞彙時，更是如此。我希望藉由閱讀本書，讀者能握有了解這些詞彙的關鍵，當您下次遇到相關名詞時，不會再出現過激反應。

事實上，在葡萄樹種植的領域裡，僅有極少數生物動力法酒農是純粹且堅定的人智學信仰者。他們首先就是一群尋求解決現代農業困境有效作法的一群莊稼漢與務實的農夫。這些生物動力法的施行者，並不會聚集形成「邪教」，他們就是一群自由的個體，雖然常常個性強烈。我的一位朋友是葡萄酒的狂熱者，他同時也具有笛卡兒主義的理性批判精神，他最近跟我告白說，他過去其實對生物動力法並不感興趣，但他注意到生物動力法酒農都具有獨特且迷人的氣質，而光是這點，就足以讓他開始對此農法產生熱情。

Q33 魯道夫．史坦勒生前愛喝葡萄酒嗎？

一般流傳的說法是魯道夫．史坦勒並不喝葡萄酒。不過讓我們回頭看一下第八場專題演講中史坦勒所提到的論證原則：吃什麼我們就變成什麼，或者應說我們是由消化的東西所組成（參見第三十一問）。其直接的推論是，飲食對每個個體在身體、心理，甚至是精神層面上都有影響，因此也會對由個人所組成的團體之社會運作產生集體性影響。以此角度來看，酒精又扮演什麼樣的角色？在與基督教相關（事實上，葡萄酒在彌撒聖餐中扮演重要角色）的研討會裡，史坦勒曾多次提及。根據史坦勒的說法，酒精使「自我」更加獨立。依據這樣的原則，過去幾千年來，酒精實具有正面作用，因為它幫助人類發展出更強的內在自主性。不過，我們今日所處的社會中，情況已經有所不同，必須小心過猶不及，因為人類的「自我」已經自主過頭，甚至切斷了與自然和宇宙的關係。「酒精原來扮演的角色，在使人類從物質世界中跨出一步，但人類開始變得自私，只以個人主義的邏輯運用『自我』，但這對於整個國家並無益處。酒精剝奪了人類『天人一體』的感知能力。」他並且說：「酒精的作用如人體內在的太陽；但它現在卻干擾了『自我』。」因此，史坦勒認為現代人已經無法輕易動用「自我」的力量，以追求自我超越，如果他真不碰酒精，原因在於：「欲受啟蒙者，心境必先靜如止水，故禁止使用任何刺激物，尤其是葡萄酒。」

以上的理論也解釋了為何部分的生物動力法死硬派支持者，對於將此農法施行於釀酒葡萄的種植，抱持著不佳的觀感。然而，史坦勒卻欣然對葡萄樹的種植給出實際建議（整枝方式、葡萄根瘤芽蟲病的相關問題等等）。何況，葡萄也可以因此充滿宇宙天體的力量。藉由發酵的過程，可讓葡萄酒聚集更多的「結果能量」，使之成為對人類有益的食物飲料。

最後，目前生物動力法最主要蓬勃發展的領域，其實就在葡萄樹種植以及葡萄酒產品本身，也由此讓更多大眾認識此農法；這應該說是歷史的美好反諷吧。

Q34 何謂「歌德堂」？

「歌德堂」（Le Goetheanum）是人智學學會的全球總部，當初由魯道夫·史坦勒親自設計，建築規模宏大，為向德國哲學家歌德致敬，故命為歌德堂。歌德堂位於瑞士巴塞爾市不遠的杜納赫村的一處山丘上，目前的歌德堂其實是第二座，就蓋在第一座的廢墟之上。第一座歌德堂於一九一三年開始建造，建地則是由一位人智學學會的會員捐贈，之後在一九二〇年九月揭幕：這是座具有兩個圓頂的龐大木造建築，裡頭設有可容納九百人座位的表演廳。不過，在一九二二年的聖席維斯特日（Saint-Sylvestre，即十二月三十一日）當夜被人惡意縱火燒毀。不久之後，史坦勒就開始建造第二座歌德堂，且規模更勝前者：一九二四年他已畫好藍圖，在其死後的一九二五至一九二八年之間完成了主要建築結構。當時，這座新的歌德堂被視為有機建築的聖殿，也是當時歐洲最大的鋼筋水泥建築；裡頭設有兩間表演廳（各可容納一千及四百五十人）、一間圖書館、辦公室、教室以及會議廳。一九二八年開幕時，整體建築還顯得很粗糙，直到一九七〇年都是如此，因為一直要到一九九八年所有建築工事才全部完成。人智學藝術在此隨處可見：如建築、雕塑、繪畫、彩繪玻璃、表演廳的設計形式，以及舞蹈等等。

今日的歌德堂是人智學運動的總部，理所當然是此學說對外的櫥窗，而人智學大會也都在此舉行。裡頭還同時設有「靈性科學學院」，並依據史坦勒帶來的嶄新思想，將學院分成幾個部門，包括醫學、農業、教學、社會科學、雕塑藝術，以及劇場藝術等等。因此歌德堂是一個研究與交流的中心，或許可以把它看成是可以進行終身學習的「史坦勒大學」。

歌德堂是一座令人驚豔的建築，極度推薦讀者前去參觀：一方面，您將明瞭史坦勒以及前輩歌德的治學研究廣度，生物動力法其實只占其中一小部分。另一方面，您將藉由建築、藝術與氛圍來進一步感受史坦勒的哲思。拜訪歌德堂是一種整體性的體驗，可補足閱讀史坦勒文字之外仍意猶未盡之處。

Q35 繼生物動力法之後，未來葡萄樹種植走向？

回頭檢視當初開創生物動力法的背景，可讓我們明瞭它為何應是目前可資利用的最佳農法，也可藉此找回在現代化學農藥發展下所失去的東西。重新找回與大自然幽微力量的連結後，我們便可以種植出健康、均衡且營養的作物，也不必破壞土壤與環境。

我們不可忘記生物動力法本身並非目的，而是一條道路（參見Q32）。在此意義下，我觀察到一旦施行生物動力法後，就很難再走回頭路。很少酒農在施行生物動力法幾年後就放棄的，尤其是那些因為信念而非商業因素採行生物動力法的人，更是如此。事實上，一經發現就無法掩藏，道理既明則人恆知之。甚至對某些人來說，生物動力法不僅是農法技術，而是以其活出一條指引人生的道路。真心且熱誠地施行生物動力法，讓酒農開始質疑現代農業的內涵及限制，也進一步明白植株健康與病害的本質，最終常將酒農引導至發展內在心靈。生物動力法是在二十世紀初期背景生成的產物，在未來十幾年內，我們將會看到源自生物動力法的內涵，但更進一步深化，且適合二十一世紀的道路。

在觀察幾位先驅酒農的做法後，我在底下列出未來葡萄樹種植可能發展的新走向。這些常常是古老的農業技術，但在近年又被重新發現運用。

＊歌德植物學（La Botanique Goethéenne）

魯道夫・史坦勒生前相當注重此一古老方法，藉由對於植物的敏銳觀察，得以感知自植物釋放的能量。與植物產生連結後，每個人都可以藉著某種溝通形式，以掌握植株是否處於失衡狀態以及其需要。

*地質生物學（La Géobiologie）

此學科是針對生物受底土及更廣泛的地質現象（母岩形成、地質斷層、地下水等等）影響之研究。其實，古人已經運用相關知識在建築工事（比如住家，尤其是教堂），或許也是這類的知識讓古時的修士，可以精確劃分出布根地各塊有矮牆圍繞的知名優質葡萄園。

*生物能量（La Bioénergie）

此學問最早是為了醫治人類疾病而發展，原理是在「能量體」上先施以療程，以免所觀察到的失衡狀態隨後在身體轉變成病症。由於植物也具有能量體，因此我們可測量其能量的強弱及平衡狀態。

*風水（Le Feng Shui）

風水這門來自中國的科學囊括了地質生物學，除了關注自然環境之外，風水最常運用在陽宅。運用風水概念建造酒窖，可以保證環境氛圍和諧，有利於葡萄酒釀造與後續培養。現代的西方建築師已經丟失這項古人熟知的技能，現今則藉由東方的智慧重新發掘認識。

＊訊息化技術（Les Techniques Informationnelles）

一如順勢療法，物質在獨立於量化的化學與物理反應之外，本身也可以傳遞訊息。水（葡萄酒裡約有百分之八十五的水分）便是訊息接收性特別強的物質。關於此議題，我建議讀者可參考日本江本勝（Masaru Emoto）博士的著作，尤其是有關人類思想對於水之結構影響的章節[31]。釀酒時，這種手法或許可以替代現代釀酒工業的部分新科技與產品。

其實我還可以列舉出其他可能的新走向，因為相關實驗不勝枚舉。當生

31 請參閱江本勝博士所著《水奇蹟》（*Le Miracle de l'Eau*）；二〇〇八年由 Éditions Guy Trédaniel 出版。

物動力法被廣為傳布之後，這條道路已被打開，而在追尋最佳農法的路徑上，有關線索不僅繁多而且非常多樣。

結論

親愛的讀者，我們一同探索葡萄酒與生物動力法的歷程在此將要結束。我希望本書帶來的觀念澄清，有助於你們往後繼續在此道路上的追尋。然而在道別之前，我仍要跟大家分享最後一個想法。

生物動力法與慣行農法之間的最大差異，就在於能量的觀念；前者相信能量，後者則完全忽視。我很驚豔地發現，在東方的文化裡，這樣「一刀切」的差異並不存在，而「氣」的概念仍舊為大眾所接受。風水也談論「地氣」與「天空之氣」。二〇一一年，當我和妻子（她本身是風水老師）在亞洲旅行時，我們曾和一位茶道專家就此交換過意見。茶道專家對於種茶的風水定義，竟然完全與我們所說的葡萄酒風土若合符節！或許我們應將「場域能量」考量進去，以徹底理解風土的概念？我記得我與作家暨電影導演喬治・巴達威（Georges Bardawil）在布根地美食殿堂Lameloise餐廳的一段熱烈談話，他對於以上所談歸納如下：

「生物動力法是可讓風土裡優質能量流轉蔓延的絕佳農耕技術，也是目前可資利用的最佳農法。」

這種能量觀點（甚至可說是靈性的觀點），本質並不專屬於東方。過去的西方文化裡也曾有此概念深植於心，我們只須將其找回。細密劃分布根地風土的本篤及熙篤會的修士，便將此觀念謹記於心。我是在與東正教的亞當修士（他曾是國際新聞攝影記者）一起品酒時，意識到這一點，他曾說：「對於以雙手耕田者，大自然就像是一本敞開的書。」他的宗教觀是只消透過與大自然連結的日常簡單動作，就可以獲得確實的靈性經驗，比如整理花園或削蘿蔔等等[32]。

即便是在西方，此種對於大自然能量的理解，也不僅限於部分修士或神祕學人士（生物動力法則是希望將能量形式化地運用）。對於此農法仍心存懷疑者，我在此僅列出愛因斯坦以下這句話提供參考：

「現實，不過是根深蒂固的幻象。」

接下來，就只能由個人決定繼續被過時的思想禁錮，還是自我解放。笛卡兒倡議說，唯有自己實驗過，才能對某些思想做出評判；實驗時，必須在毫無偏見與極度誠實的基礎下。較近代的偉大美國物理學家理察・費曼（Richard Feynman）曾說：「首要原則，就是不自欺；否則你將是最易被愚弄之人。」

在化學農藥以及基改農作物如此盛行的年代，我希望藉由此書讓生物

32 此句引自尚修士（Frère Jean）談話。

動力法的微小聲音能更廣泛地被聽見。此聲音將藉由葡萄酒直達我們的感官，並探觸我們靈魂的最深處。

參考書目

- BARDAWIL Georges, Une promesse de vin, Éditions Minerva.
- BOUCHET François, Cinquante ans de pratique et d'enseignement de l'agriculture bio-dynamique – comment l'appliquer dans la vigne, Deux versants éditeur.
- BOUCHET François, Interview par Luc et Marie Boussard, Janvier 2005, www.deuxversants.com.
- BOURGUIGNON Claude et Lydia, Le Sol, la terre et les champs, Éditions Sang de la Terre.
- DESCARTES René, Méditations Métaphysiques, 1641.

- DESCARTES René, Les Principes de la Philosophie, 1644.
- FRERE JEAN, Le Jardin de la foi, Presses de la Renaissance.
- JOLY Nicolas, Le Vin du ciel à la terre, Éditions Sang de la terre.
- KEYSERLINGK von Adalbert, La Naissance de l'agriculture bio-dyna- mique, Éditions Novalis.
- LEPETIT DE LA BIGNE Antoine, What's so special about biodynamic wine ?, Éditions Floris Books.
- MASSON Pierre, Guide pratique de la bio-dynamie à l'usage des agricul- teurs, Édition Mouvement de culture bio-dynamique.
- MASSON Pierre, Agenda biodynamique lunaire et planétaire, Biodynamie Services.
- RIGAUX Jacky, Le Terroir et le Vigneron, Éditions Terre en Vues.
- RIGAUX Jacky, La Dégustation géo-sensorielle, Éditions Terre en Vues.
- STEINER Rudolf, Agriculture, fondements spirituels de la méthode bio-

dynamique (Cours aux agriculteurs), Éditions anthroposophiques romandes.
- STEINER Rudolf, La Science de l'occulte, trad. H. Waddington et K. Appel, Éditions Triades.
- STEINER Rudolf, Dionysos et la conscience du moi, Éditions Triades.
- STEINER Rudolf, L'initiation ou comment acquérir des connaissances sur les mondes supérieurs, Éditions Triades.
- THUN Maria et Matthias, Calendrier des semis bio-dynamique, Mouvement de culture bio-dynamique.
- THUN Maria et Matthias, When wine tastes the best: a bio-dynamic calendar for wine drinkers, Editions Floris Books.

飲饌風流 76

寫給葡萄酒品飲者的生物動力法35問

——理解極致酒中風土，學習葡萄酒生命力的自然法則

原著書名　35 questions sur la biodynamie à l'usage des amateurs de vin
作　　者　安東・勒皮提・德拉賓（Antoine Lepetit de La Bigne）
譯　　者　劉永智、李靜雯
特約編輯　魏嘉儀

總 編 輯　王秀婷
主　　編　廖怡茜
版　　權　向豔宇
行銷業務　黃明雪、陳彥儒

發 行 人　凃玉雲
出　　版　積木文化
104台北市民生東路二段141號5樓
電話：(02) 2500-7696｜傳真：(02) 2500-1953
官方部落格：www.cubepress.com.tw
讀者服務信箱：service_cube@hmg.com.tw
發　　行　英屬蓋曼群島商家庭傳媒股份有限公司城邦分公司
台北市民生東路二段141號2樓
讀者服務專線：(02)25007718-9｜24小時傳真專線：(02)25001990-1
服務時間：週一至週五09:30-12:00、13:30-17:00
郵撥：19863813｜戶名：書虫股份有限公司
網站：城邦讀書花園｜網址：www.cite.com.tw
香港發行所　城邦（香港）出版集團有限公司
香港灣仔駱克道193號東超商業中心1樓
電話：+852-25086231｜傳真：+852-25789337
電子信箱：hkcite@biznetvigator.com
馬新發行所　城邦（馬新）出版集團 Cite（M） Sdn Bhd
41, Jalan Radin Anum, Bandar Baru Sri Petaling, 57000 Kuala Lumpur, Malaysia.
電話：(603) 90578822｜傳真：(603) 90576622
電子信箱：cite@cite.com.my

封面設計　楊啟巽工作室
內頁排版　優士穎企業有限公司
製版印刷　上晴彩色印刷製版有限公司

城邦讀書花園
www.cite.com.tw

2017年11月30日　初版一刷
售　價／NT$420
ISBN 978-986-459-114-5

圖書館出版品預行編目（CIP）資料

給葡萄酒品飲者的生物動力法35問：理解極致酒中風土,學習葡萄酒生命力的自然法則／安東・勒皮提・德拉賓（Antoine Lepetit de La Bigne）著；劉永智，李靜雯譯. -- 初版. -- 臺北市：積木文化出版：家庭傳媒城邦分公司發行, 2017.11
面；　公分. --（飲饌風流；76）
譯自：35 questions sur la biodynamie à l'usage des amateurs de vin
ISBN 978-986-459-114-5（平裝）

1.葡萄酒 2.有機農業 3.問題集

63.814022　　106021221

自然酒

從有機農法、自然動力法到最純粹天然的葡萄酒世界

本書中帶領讀者認識什麼是自然酒，什麼是有機農法與自然動力法，說明自然酒的發展過程與面臨的困境，並實地採訪秉持相同信念的自然酒農。最後，透過 140 多款自然酒，一起探索風土讓人驚艷的魅力。

作者：伊莎貝爾·雷爵宏（Isabelle Legeron MW）
譯者：王琪、潘芸芝
定價：750 元
19 x 24 cm ／精裝／ 224 頁

自然酒是我們這一代葡萄酒迷所面臨的最大轉折，從這本書開始，一起加入回歸自然的復興運動吧！

——葡萄酒專欄作家／林裕森

從古典的布根地愛好者成為自然酒鐵粉，我所認識的純淨味道、生機蓬鬆的葡萄園土壤，以及每一位不為掌聲迷惑、敢於創作與質疑、堅持又純情的自然酒農，讓我回不去了。展閱此書，你也踏上了滿溢著啟發與初心的旅程。Bon voyage ！

——是酒 C'est Le Vin、喝自然葡萄酒展 Buvons Nature 創辦人／葉姿伶

身為「友善土地」的信仰者，過去這幾年，專注於推廣自然酒的美味，並實際走訪自然酒莊與酒展，渴望找到一本理性與感性兼具的葡萄酒指南，終於盼到這本書的問世，作者以學理根據作為文章的底蘊，並忠實呈現酒農在釀酒時所面臨的美麗與哀愁，無論從哪個章節翻起，都令人雀躍不已。

——法國布根地大學葡萄酒風土條件學碩士／劉源理

雷爵宏以動人與熱情的文字寫下她眼中的「自然酒」，這絕非一本嚴厲斥責「一般」葡萄酒有多邪惡的書。反之，他帶領我們進入一場深入葡萄園的旅程，那裡的葡萄園未被過度使用的除草劑與除蟲劑汙染，那裡釀出的葡萄酒在他的眼中更有活力、更美味，更能忠實呈現當地的風土。無論你對自然酒抱持懷疑或深信的態度，這本書都將大大滋養你的想法。對任何葡萄酒愛好者來說，這絕對是一本讀來享受又不可或缺的書。

——葡萄酒大師／ Mark Pygott MW

NOMA 是丹麥最早開始推崇自然葡萄酒的餐廳之一……就是有那麼一些傑出的生產者，讓你一旦開始喝了這些酒，便很難走回頭路。

—— Noma 餐廳主廚／ René Redzepi